医疗设备质量控制检测技术丛书（一）

医用电气设备
电气安全检测技术

贾建革　主编

中国计量出版社

图书在版编目（CIP）数据

医用电气设备电气安全检测技术/贾建革主编. —北京：中国计量出版社，2010.4（2020.1重印）

（医疗设备质量控制检测技术丛书）

ISBN 978-7-5026-3274-8

Ⅰ.①医…　Ⅱ.①贾…　Ⅲ.①医用电气机械-安全性-检测　Ⅳ.①TH772.06

中国版本图书馆 CIP 数据核字（2010）第 047602 号

内　容　提　要

本书主要介绍医用电气设备电气安全检测技术基础知识，目前国内外现行的医用电气设备的通用电气安全标准，开展电气安全检测的几种医用电气设备的电气安全检测方法，医用电气设备电气安全检测规范，多种电气安全检测设备的使用方法、操作界面，不同的检测设备在检测各种 B、BF、CF 型医疗设备时的检测电路连接方法和注意事项。

本书可供从事医用电气设备电气安全检测的人员学习参考。

中国计量出版社出版

北京和平里西街甲 2 号

邮政编码　100013

电话 (010)64275360

http://www.zgjl.com.cn

中国标准出版社秦皇岛印刷厂印刷

新华书店北京发行所发行

版权所有　不得翻印

*

787 mm×960 mm　16 开本　　印张 12.25　字数 205 千字

2020 年 2 月·第 1 版·第 4 次印刷

*

印数 3 701—4 700　　定价：50.00 元

《医用电气设备电气安全检测技术》
编审者名单

主　编　贾建革

副主编　夏晓东　吴建刚　于树滨

编　者　宋立为　孙志辉　晁　勇　刘　文

　　　　陈文霞　张汉卿　武文君　严　勇

　　　　韩　宁　张　男　李京玲

主　审　李咏雪　邵海明

审　核　段新安　张庆勇　李振彪　曹　阳

　　　　陈　峰　张　雷

序

20 世纪 60 年代以来,随着生物医学工程技术的迅猛发展,医疗设备也得到了快速更新换代和广泛临床应用,医务工作者对医疗设备的依赖性随之加强。医疗设备诊查结果的准确与否直接影响着临床医疗行为和患者的生命健康,医疗设备质量问题引发的医疗纠纷呈逐年增多趋势,逐渐成为影响医疗质量安全的重点问题之一。

为保证医疗设备质量安全,提高广大官兵和人民群众医疗诊治水平,2005 年,军队卫生系统在国内率先组织开展 12 类使用频率高、风险程度大、质量标准严的医疗设备质量控制工作。几年来,已建立一整套工作规章制度、技术指标评价体系和监管体系,探索出主流医疗设备的应用质量检测技术、标准和方法,有效降低了医疗设备临床使用风险,军队医疗设备质量控制工作已步入标准化、规范化、科学化和程序化轨道。

全军医学计量测试研究中心作为军队医疗设备质量控制工作的技术保障机构,组织专家编写了《医疗设备质量控制检测技术丛书》。《丛书》详细介绍了各种设备的检测标准、原理、方法步骤、结果处理和校准等内容,具有极强的针对性、实用性和可操作性,是开展医疗设备质量控制工作的工具书、教科书,对于提高广大医务工作者的质量安全意识和检测技术能力,保证医疗设备使用安全有效,确保医疗质量水平,必将起到积极的推动作用。

总后勤部卫生部 张雁灵

二〇一〇年七月六日

前　　言

为了配合《全军强制质量控制目录》的出台和实施,全军医学计量管理中心组织相关人员编写了《医疗设备质量控制检测技术丛书》,《医用电气设备电气安全检测技术》作为其中的一个分册,主要介绍了军队开展质控相关的几种医用电气设备在电气安全检测方面的方法和要求。

医用电气设备的电气安全检测为国家强制检测项目,主要包括两方面的安全内容:一是保护操作者的安全,使设备外壳不会产生漏电;二是保护患者的安全,在设备使用期间不会对患者造成电击。基于以上原因,医用电气设备的电气安全检测也就分成两个方面的检测内容:一是漏电流值要低于人体安全限值;二是当出现漏电时,设备的接地电阻要达到要求,使泄漏电流直接导地,确保不会对人体造成损伤。

本书共分五章,第一章主要介绍医用电气设备安全检测的相关基础知识,共包括三部分的内容:第一部分介绍了人体电击方面的基础知识,包括人体以外触电的常见情况、电击危害程度的影响因素、人体对漏电流的敏感阈值以及触电的危害性;第二部分介绍了 GB 9706.1—2007 电气安全通用标准的相关内容,包括医用电气设备的定义、分类、分型以及标准规定的检测内容;第三部分介绍了电气设备发生漏电的常见原因及应采取的电击防护措施。第二章主要介绍目前国内外现行的针对医用电气设备的各种通用电气安全标准。第三章介绍了多种电气安全检测设备,如电气安全测试仪的使用方法、操作界面。第四章介绍了军内各质控检测机构所使用的《军队卫生装备质量控制检测技术规范(试用)》中电气安全部分的内容,也是军内开展电气安全检测的主要依据。第五章重点介绍不同的检测设备在检测各种 B、BF、CF 型医用电气设备时的检测电路连接方法和注意事项。

本书编写过程中,得到了解放军总医院第一附属医院、307 医院、北京军区总医院和安贞医院的大力支持。参与本书编写的人员直接工作在检测的第一线,具有丰富的电气安全检测经验,不仅精通电气安全测试仪的使用方法,同时熟练掌握电气安全检测的相关法律法规。

本书汇集了作者长期从事检测工作所积累的丰富经验,在国内同类书籍相对匮乏的情况下,相信本书一定会对从事医用电气设备电气安全检测的人员提供很好的参考和指导。

由于作者水平有限,加之时间仓促,书中难免存在错误和疏漏,敬请读者批评指正。

编　者

2010 年 3 月

目　　录

第一章　医用电气设备电气安全检测技术基础知识

随着电子技术的快速发展,医用电气设备在医疗活动中发挥的作用越来越大,由于诊断和治疗的医用电气设备往往直接作用于人体,甚至设备的部分电极置入体内,所以设备安全问题十分重要。如果安全措施不力,轻者被电击灼伤,重者危及生命。医院中医用电气设备的操作者是医务人员,由于专业知识的局限,对来自医用电气设备本身的电击伤害防范意识较弱。因此,在临床工作中如何安全使用医用电气设备,防止电击事故,是一个值得高度重视的问题。

第一节　电击基础知识

一、电击相关的常用术语

1. 安全电压

人体与电接触时,对人体各部位组织(如皮肤、心脏、呼吸器官和神经系统)不会造成任何损害的电压叫做安全电压。

安全电压值的规定,各国有所不同。如荷兰和瑞典为 24V,美国为 40V,法国为交流 24V、直流 50V,波兰、捷克斯洛伐克为 50V。我国安全电压限值的规定是依据具体环境条件的不同而制定的,具体为:在无高度触电危险的建筑物中为 65V、在有高度触电危险的建筑物中为 36V、在有特别触电危险的建筑物中为 12V。

2. 接触电势、接触电压,跨步电势和跨步电压

当接地短路电流流过接地装置时,大地表面形成分布电位,在地表面上离设备水平距离为 0.8m 处与沿设备外壳、构架或墙壁垂直距离 1.8m 处两点间的电位差,称为接触电势。人体接触该两点时所承受的电压,称为接触电压。接地网网孔中心对接地网接地体的最大电位差,称为最大接触电势。人体接触该两点时所承受的电压,称为最大接触电压。

地面上水平距离为 0.8m 的两点间的电位差,称为跨步电势。人体两脚接触该两点时所承受的电压,称为跨步电压。接地网外的地面上水平距离 0.8m 处对接地网边缘接地体的电位差,称为最大跨步电势。人体两脚接触该两点时所承受的电压,称为最大跨步电压。

3. 跨步电压触电

当带电设备发生某相线接地时,接地电流流入大地,在距接地点不同的地表面各点上呈现不同电位,电位的高低与离开接地点距离有关,距离愈远电位愈低。当人的脚与脚之间同时踩在带有不同电位的地表面两点时,会引起跨步电压触电。如果遇到这种危险场合,应合拢双脚跳离接地处 20m 之外,以保障人身安全。

4. 人体电阻

发生触电时,流经人体的电流决定于触电电压与人体电阻的比值。人体电阻并不是一个固定数值,人体各部分的电阻除去角质层外,以皮肤的电阻最大。

当人体接触带电体时,人体就被当作一电路元件接入回路。人体阻抗通常包括外部阻抗(与触电当时所穿衣服、鞋袜以及身体的潮湿情况有关,从几千欧至几十兆欧不等)和内部阻抗(与触电者的皮肤阻抗和体内阻抗有关)。人体阻抗不是纯阻性,也不是一个固定的数值。

一般认为干燥的皮肤在低电压下具有相当高的电阻,约 $100k\Omega$。当电压在 $(500\sim1000)V$ 时,这一电阻便下降为 $1k\Omega$。表皮之所以具有这样高的电阻是因为没有毛细血管。手指部位的皮肤还有角质层,角质层的电阻值更高,而不经常摩擦部位的皮肤的电阻值是最小的。皮肤电阻还同与人体的接触面积及压力有关。

当表皮受损暴露出真皮时,体内因布满了输送盐溶液的血管而只有很低的电阻。一般认为,接触到真皮内,一只手臂或一条腿的电阻大约为 $0.5k\Omega$。因此,由一只手臂到另一只手臂或由一条腿到另一条腿的通路相当于一只 $1k\Omega$ 的电阻。

一般情况下,人体电阻可按 $(1\sim2)k\Omega$ 考虑。

5. 相间触电

所谓相间触电,就是在人体与大地绝缘的情况下,同时接触两根不同的相线或人体同时接触电气设备不同相线的两个带电部分时,这时电流由一根相线经过人体到另一个相线,形成闭合回路,这种情形称为相间触电。此时人体直接处在线电压作用之下,比单相触电的危险性更大。

6. 触电电流

依据通过人体电流的大小不同,人体呈现出不同的反应状态,将触电电流分为:感知电流、致命电流和摆脱电流。

几种触电电流的阈值见表1-1-1。

表1-1-1　感知电流、致命电流和摆脱电流阈值

效　　　　应		电　　流					
		直流/mA		交流/mA(有效值)			
				50Hz		100Hz	
		男	女	男	女	男	女
最小感知电流(略有麻感)		5.2	5.3	1.0	0.7	12	8
无痛苦感电流(肌肉自由)		9	6	1.8	1.2	17	11
有痛苦感电流(肌肉自由)		62	41	9	6	55	37
有痛苦感,不能脱离电源		76	51	16	10.5	75	50
强烈电击,肌肉强直,呼吸困难		90	60	23	15	94	63
可能引起室颤	电击0.03s	1300	1300	400	400	500	500
	电击3s	500	500	50	50	300	300
确定引起室颤		可能引起室颤电流值的2.75倍					

(1)感知电流

感知电流是指通过人体能引起感觉的最小电流值。用手握住电源时,手心感觉发热的直流电流,或因神经受刺激而感觉轻微刺痛的交流电流都称之为感知电流。由表1-1-1可知,对于50Hz交流,男性平均感知电流为1.0mA,女性的平均感知电流为0.7mA。感知电流一般不会对人体构成伤害,但当电流增大时,感觉增强,反应加剧。感知电流取决于人体与电极的接触面积、接触状态(干、湿、压力、温度)及个人生理特点等若干因素,与通电时间无关。

(2)致命电流

在较短的时间内危及生命的最小电流称为致命电流,在电流不超过百毫安的情况下,电击致命的主要原因是电流引起心室颤动或窒息造成的。因此,可以认为引起心室颤动的电流即为致命电流。

— 3 —

心室纤维性颤动电流阈值与心脏功能状态等人体的生理参数和通电时间、电流通路、电流参数等电气参数有关。

(3)摆脱电流

触电后能自行摆脱的电流,称为摆脱电流。当通过人体的电流大于摆脱电流时,受害者的肌肉就不能随意缩回,特别是手掌部位触及电路时形成所谓"黏结",受害者就会丧失自卫能力而继续受到电击,直至死亡。摆脱电流因人而异,由表1-1-1可知,男性的工频摆脱电流是9mA、女性是6mA。

二、电击的分类

按照电击所产生的电流大小及通过人体后造成的损伤程度,将其分为强电击和微电击两类,下面分别说明这两类电击产生的原因和特点。

1. 强电击

当人体触碰带电部位时将引起电击,其主要原因是当电源和人体接触时相当于连接一个等效电阻,如果形成一个导电回路,将有一定电流经过人体。当电流从体外经过皮肤流进体内,然后再流出体外,使人体受到电的冲击称为强电击。如电流从人的左手流进体内,由右手(或右脚等其他部位)流出体外时,感受到电的冲击,即为强电击。

因人体的电阻是一个电容性的阻抗,而且该阻抗不仅随电源的电压和频率改变,还受人体通过电流部位的干湿程度、年龄、性别等影响。故当同样一个电源的带电部位触体时,对于不同人、不同触体部位,则受电击的强度不同;而不同频率和不同电压的电源造成电击的强度和危害也有所不同。

如图1-1-1所示,把一台有漏电流的医用设备放在不锈钢桌面上,如仪器的三芯电源插头插到一个没有地线(安全地线孔)的两孔插座时,医护人员(或患者)一只手接触不锈钢桌,另一只手触摸漏电仪器外壳(或外露金属部分),如果仪器漏电流超过1mA以上,这个电流将从医护人员的左右手流入体内,将有触电的麻感。如果仪器漏电流超过100mA以上,这时医护人员将受到强电击,表现出肌肉痉挛、呼吸困难、心室纤颤,如不及时抢救,将会死亡。

2. 微电击

通过人体的电流产生的强电击,其电流值都比较大,这样大的电流通过人体全身,其中也必然会有一部分流过心脏。但其真正通过心脏的电流却很微弱,就是这很微弱的电流通过心脏达到一定值时,也会引起室颤,如表1-1-1中所

— 4 —

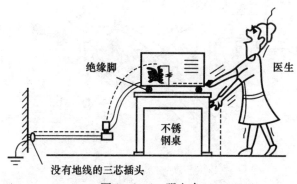

图 1-1-1　强电击

列。当交流电通过人体的电流达到 100mA 以上时,是造成强电击引起室颤的主要原因,而实际经过心肌的电流值只有 $0.35\mu A$。这种被人们忽视的微弱电流通过心脏,却可引起心室纤颤。这是因为电流通过心脏时,引起部分心肌兴奋,使心脏的正常电兴奋传导混乱,造成心脏各部分间的活动节律不同步,引起纤颤,进而使心脏停止搏动,在几分钟之内将造成死亡。

如果有电流直接通过心脏,将引起心室纤颤,这种电击称为微电击。很微小的电流就可造成微电击。现在世界各国和 IEC 的安全规定标准都把微电击的阈值定为 $10\mu A$,凡直接用于有可能通过心脏电流的医用电气设备,其漏电流不得超过该阈值,否则将有造成微电击的危险。这类仪器要定期检测漏电流值,如超过阈值将禁止使用。

目前,在临床中经常使用心导管、心脏起搏器与心电图机、监护仪和高频电刀等仪器共用,由于有电极或传感器直接接触心脏组织,如共用的某个仪器漏电流值超过微电击的安全阈值,将有造成电击的危险。

如图 1-1-2 所示,这是用心导管直接观测心室内血压的有创电子血压监护仪与有外壳漏电流的心电图机在同一患者身体上并用时的情况。当心导管(内部为生理盐水导电)插入心室内,外壳漏电的心电图机地线又断开时(或没有地线),这时心电图机的微弱漏电流将通过心电图机的接触导联电极进入心脏,通过心导管流出体外,到血压监护仪的接地端,形成一个漏电流回路。如果这个漏电流超过安全阈值,将对患者造成微电击,引起心室纤颤,如不及时抢救将造成重大医疗事故。

可见,即使插入心脏的传感器及连接心导管的血压监护仪均没有漏电流(或漏电流小于 $10\mu A$),但因与其并用的、在体表监测用的心电图机具有较大的漏电流,而且它又没有连接好安全地线,结果将造成微电击医疗事故。

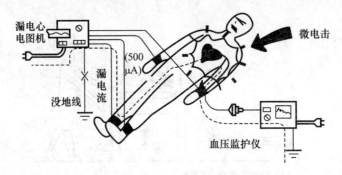

图 1-1-2　微电击

三、电击的危险性与相关因素

当电流流过人体时,对人体的伤害程度与通过人体的电流大小、持续时间、电流通过人体的途径、人体电阻、电流种类及人体状况等多种因素相关。

1. 电流大小

人体触电时,致命的因素是通过人体的电流,而不是电压,但是当电阻不变时,电压越高,通过人体的电流就越大。因此,人体触及到带电体的电压越高,危险性越大。但不论电压高低,触电都是危险的。

2. 持续时间

电流通过人体的持续时间是影响电击伤害程度的又一重要因素。人体通过电流的时间越长,人体电阻就越低,流过的电流就越大,后果就越严重。另一方面,人的心脏每收缩、舒张一次,中间约有 0.1s 间歇,这 0.1s 对电流最敏感。如果电流在这一瞬间通过心脏,即使电流很小,也会引起心脏颤动;如果电流不在这一瞬间通过,即使电流较大,也不至于引起心脏麻痹。由此可知,如果电流持续时间超过 0.1s,则必然与心脏最敏感的间隙相重合而造成很大的危险。

3. 电流通过人体的途径

电流作用于人体,没有绝对安全的途径。电流通过心脏会引起心室颤动,促使心脏停止跳动,中断血液循环,导致死亡。电流通过中枢神经或有关部位,会引起中枢神经严重失调而导致死亡。电流通过脊髓,可导致肢体瘫痪。从左手到胸部,电流途径较短,是最危险的电流途径;一只手到另一只手的电流途经心脏,也是较危险的电流途径;从脚到脚的电流是危险性较小的电流途径,但可能使人因痉挛而摔倒,导致电流通过全身而引起摔伤、坠落等二次事故。

4. 电流频率

电流频率对电击伤害程度有很大影响。50Hz 的工频交流电,对设计电气设备比较合理,但是这种频率的电流对人体触电伤害程度也最严重。

(1)电流频率与人体阻抗的关系

人体模型可等效为电阻和电容的组合,因此,人体的阻抗与电流的频率有关,频率越高,阻抗越低,流入人体的电流就越大。

(2)电流频率与刺激持续时间的关系

刺激的持续时间随着电流频率的增加而缩短。试验证明,当频率高于100Hz 时,刺激随着频率的增加而减弱;当频率高于 1MHz 时,刺激效应完全消失,只有温热作用。刺激效应最强的是(50～60)Hz 的交流电,比 50Hz 更低的频率,其刺激效应也会减弱。

5. 健康状况、皮肤干湿的影响

凡患有心脏病、神经系统疾病或结核病的病人电击伤害程度比健康人严重。此外,皮肤干燥电阻大,通过的电流小;皮肤潮湿电阻小,通过的电流就大,危害也大。

不同的人对电流的敏感程度以及在遭受同样电流电击时所受的危险程度都不完全相同。电流作用于人体时,女性的危险较男性大,女性感知电流和摆脱电流的几率约比男性低 1/3;儿童的危险性较成人大;体弱多病者的危险性较健壮者大;体重的大小对室颤电流阈值影响很大,室颤阈值是随体重增加而增大的,所以,体重轻的危险性一般较体重重的大。

四、电流对人体组织的作用

电流对人体组织的基本作用主要有以下三个方面。

1. 热效应

热效应又称为组织的电阻性发热,当电流通过人体组织时会产生热量,使组织温度升高,严重时就会烧伤组织。低频电流与直流电流的热效应主要是电阻损耗,高频电流除了电阻损耗外,还有介质损耗。

2. 刺激效应

人体通过电流时,在细胞膜的两端会产生电势差,当电势差达到一定值后,会使细胞膜发生兴奋。如为肌肉细胞,则发生与意志无关的力和运动,或使肌肉处于极度紧张状态,产生过度疲劳;如为神经细胞,则产生电刺激的痛觉。随着电流在体内的扩散,电流密度将迅速减小,因此,通电后受到刺激的只是距通电点很近的神经与肌肉细胞。此外,从体内通入的电流和从体外流入的电流对心脏的影响也有很大的不同。

3. 化学效应

人体组织中所有的细胞都浸没在淋巴液、血液和其他体液中。人体通电后,上述组织液中的离子将分别向异性电极移动,在电极处形成新的物质。这些新形成的物质有很多是酸、碱之类的腐蚀性物质,对皮肤有刺激和损伤作用。

五、触电及其危害

1. 触电

触电事故是多种多样的,多数是由于人体直接接触带电体,或者是设备发生故障,或者是人体过于靠近带电体等引起的。

人体直接接触带电体。当人体在地面或其他接地导体上,而人体的某一部位触及三相线的任何一相而引起的触电事故称为单相触电。单相触电对人体的危害与电压高低,电网中性点接地方式等有关。人体发生单相触电的次数占总触电次数95%以上。除了单相触电外,还有两相触电,是指人体两处同时接触不同相线的带电体而引起的触电事故。

人体接触发生故障的电气设备。在正常情况下,电气设备的外壳是不带电的。但当线路故障或绝缘破损时,接触这些漏电或带电的设备外壳,就会发生触电危险。触电情况和直接接触带电体一样。大部分触电事故属于这一类间接触电事故。

与带电体的距离过小。当人体与带电体的距离过小时,虽然未与带电体相接触,但由于空气的绝缘强度小于电场强度,空气击穿,可能发生触电事故。因此,电气安全标准中,对不同电压等级的电气设备,都规定了最小允许安全间距。

2. 危害

触电时人体会受到某种程度的伤害,可分为电击和电伤两种。

电击是指电流流经人体内部,引起疼痛发麻,肌肉抽搐,严重的会引起强烈痉挛、心脏颤动或呼吸停止,甚至对人体心脏、呼吸系统以及神经系统造成致命伤害,导致死亡。绝大部分触电死亡事故都是电击造成的。

电伤是指触电时,人体与带电体接触不良部分发生的电弧灼伤,或者是人体与带电体接触部分的电烙印,由于被电流熔化和蒸发的金属微粒等侵入人体皮肤引起的皮肤金属化。这种伤害会给人体留下伤痕,严重时也可能致人于死命。电伤通常是由电流的热效应、化学效应或机械效应造成的。

电击和电伤也可能同时发生,这在高压触电事故中是常见的。

第二节 医用电气设备的基本概念

一、医用电气设备、医用电气系统和非医用电气设备的定义

1. 医用电气设备

医用电气设备定义为:与某一专门供电网有不多于一个的连接,对在医疗监视下的患者进行诊断、治疗或监护,与患者有身体的或电气的接触,和(或)向患者传送或从患者取得能量,和(或)检测这些所传送或取得的能量的电气设备。

该定义规定了医用电气设备的界定范围。

(1)设备与供电网有一个或没有(内部电源)连接。如果存在多于一个的连接,则该设备实质上已构成一个医用电气系统。对于医用电气系统的安全可参照 GB 9706.15－2008《医用电气设备 第 1－1 部分:通用安全要求 并列标准:医用电气系统安全要求》执行。

(2)设备处于医疗监视下,用于对患者进行诊断、治疗或监护。这里强调设备应处于医疗监视下,以用于诊断、治疗或监护病人为目的,这不同于一般家用的保健电气设备,更与非诊断、治疗或监护用途的其他设备相区别。

(3)设备与患者有身体的或电气的接触,和(或)在医疗监视下向患者传递或从患者取得能量,和(或)检测这些所传递或取得的能量。也就是说,设备与患者必须有身体或电气的接触,或者从患者传递或取得能量(所谓能量一般是指声能、光能、热能、电能等)或者检测这些传递的能量。这三者可以是其中之一,也可以任意组合。

(4)设备中由制造商指定的附件也是设备的一部分。

2. 医用电气系统

GB 9706.15－2008 是医用电气设备安全通用要求的一个并列标准,它适用于医用电气系统的安全,该标准对医用电气系统作了如下定义:医用电气系统是指不止一台医用电气设备或者是医用电气设备与其他非医用电气设备通过耦合,和/或一个可移式多插孔插座连接成的具有规定功能的组合。

不止一台医用电气设备或者是医用电气设备与其他非医用电气设备通过耦合是指不同台设备间的所有功能性连接,而可移式多插孔插座即为有两个或两个以上的插孔插座,这种插座与软电缆/电线相连,或与软电缆/电线组成一体,当与网电源相连时,可以方便地从一个地方移到另外一个地方。

符合上述定义的医用电气系统,其医用电气设备的安全性评价应满足 GB 9706.1－2007 外,医用电气系统应符合 GB 9706.15－2008 的安全要求。

3. 非医用电气设备

现代电子技术和生物医学技术在医学实践中的应用和迅速发展,已经导致了这样一个局面,即使用由众多设备组成的比较复杂的系统来取代单台医用电气设备对患者进行诊断、治疗或监护。越来越多的这种系统,是由原先为不同专业应用领域(不一定是医学领域)使用而制造的设备通过直接相连或间接相连而组成。当医用电气设备与非医用电气设备通过耦合组成医用电气系统时,要求患者只能与符合 GB 9706.1－2007(IEC 60601-1)的医用电气设备连接,所连接的非医用电气设备本身可以符合适用它们专业领域的安全标准中提出的要求,GB 9706.15－2008 附录 DDD 给出了一些非医用电气设备适用的安全标准。

GB 9706.15－2008 明确指出,当将医用电气设备与非医用电气设备置于不同的医疗环境中(患者环境、医用房间、非医用房间),有对非医用电气设备提出附加的防电击保护措施的要求。例如,附加的保护接地、附加的隔离变压器、浮动的供电电源、隔离装置等。

二、医用电气设备按电击防护措施分类

不同类别的设备,防触电的方式不同。GB 9706.1－2007 把医用电气设备按照防触电保护措施的不同分为三类,是按基本绝缘失效后保护手段的不同分类的。

1. I 类设备

指设备的防触电保护不仅靠基本绝缘,还需将能触及的可导电部分与设施固定布线中的保护(接地)线相连接。这样,一旦基本绝缘失效,由于能触及的可导电部分已与接地线连接,因而使用人员的安全有了保证。

如果将医用电气设备的金属外壳等外部容易接触到的导体部分接地,当人接触到金属外壳时,相当于人体并联了一个接地电阻。经过分流后,流过人体的电流变小,由分析可知,接地电阻越小,流过人体的电流越小。

具有基本绝缘和接地保护线是 I 类设备的基本条件,也就是说,I 类设备除了对电击防护具有基本绝缘外,还必须将设备中可触及的金属部件与固定布线的保护接地导线连接起来。但在为了实现设备功能必须接触电路导电部件的情况下,I 类设备可以具有双重绝缘或加强绝缘的部件(这些部件可以不进行保护接地)、有安全特低电压运行的部件(这些部件不需要保护接地)或有保护阻抗来防护的可触及部件。如果只用基本绝缘实现对网电源部分与规定用外接直流电源(用于救护车上)的设备的可触及金属部分之间的隔离,则必须提供独立的保护接地导线。

对以保护接地作为附加保护措施的 I 类设备来说,在使用设备时必须确实进行接地,这一点很重要。为此,必须采取下面两种方法中的一种:

(1)采用固定地线作为保护接地线;

(2)用带有接地孔的电源插头和插座。

I 类设备的电气结构如图 1-2-1 所示。

2. II 类设备

指设备的防触电保护不仅靠基本绝缘,还另有附加绝缘等安全措施。一旦基本绝缘失效,附加绝缘可保证使用者的安全。

作为一种附加保护措施,在基础绝缘的基础上,再加强一层绝缘的方法,这层新的绝缘因为起着增强基础绝缘的作用,所以称为辅助绝缘。把基础绝缘和辅助绝缘重合在一起的方法称为双层绝缘,这种类型的设备叫做 II 类设备。II 类设备中即使双层绝缘中的任何一种损坏,另一种绝缘仍可保证安全,II 类设备不是用于保护接地的医用电气设备,如图 1-2-2 所示。

I 类设备的附加保护措施是依靠被称为接地电阻的外部因素,而 II 类设备保证安全是依靠设备本身的内部绝缘性能。即使 II 类设备的外壳用的是导电材料,原则上也不需要将它接地。只是为了防止微电击,需要进行等电位接地时,才有必要接地。

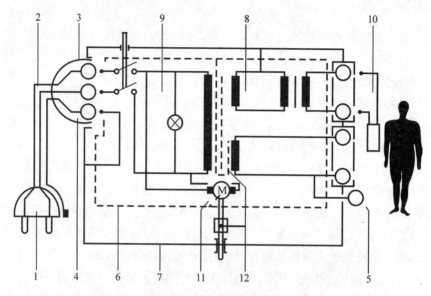

图 1-2-1 Ⅰ类设备图例

1—有保护接地接点的插头;2—可拆卸的电源软电线;3—设备连接装置;4—保护接地用
接点和插脚;5—功能接地端子;6—基本绝缘;7—外壳;8—中间电路;9—网电源部分;
10—应用部分;11—有可触及轴的电动机;12—辅助绝缘或保护接地屏蔽

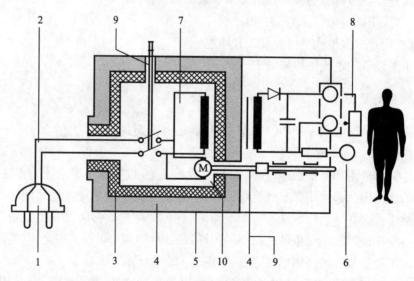

图 1-2-2 Ⅱ类设备

1—网电源插头;2—电源软电线;3—基本绝缘;4—辅助绝缘;5—外壳;6—功能接地端子;

7—网电源部分;8—应用部分;9—加强绝缘;10—有可触及轴的电动机

Ⅱ类设备一般采用全部绝缘的外壳,也可以采用有金属的外壳。采用全部绝缘外壳的设备,是有一个耐用、实际上无孔隙(连接无间断的)的把所有导电部件包围起来的绝缘外壳,但一些小部件如铭牌、螺钉及铆钉除外,这些小部件至少用相当于加强绝缘的绝缘材料与带电部件隔离。

带有金属外壳的设备是由金属制成的实际上无孔隙的封闭外壳,其内部全部采用双重绝缘和加强绝缘,或整个网电源部分采用双重绝缘(除因采用双重绝缘显然行不通而采用加强绝缘外)。

Ⅱ类设备也可因功能的需要备有功能接地端子或功能接地导线,以供电路或屏蔽系统接地用,但功能接地端子不得用作保护接地,且要有明显的标记,以区别保护接地端子。功能接地导线只能作内部屏蔽的功能接地,且必须是绿/黄色。

3. 内部电源设备

内部电源设备是能以内部电源进行运行的设备。这里指为了让仪器工作而把容量充足的电池装入内部,不需要外部电源的医用电气设备。

内部电源和交流电源都可以工作的设备或是用交流电源向内部电源充电的设备都不能称为内部电源设备。这种设备属于用外部电源工作的设备,也必须按附加保护措施满足Ⅰ类、Ⅱ类设备的安全要求。

内部电源一般具有两种情况:

第一种具有和电网电源相连装置的内部电源设备。这种设备必须为双重分类,如Ⅰ类内部电源设备、Ⅱ类内部电源设备。

第二种内部电源设备当与电网电源相连接时,必须符合Ⅰ类设备或Ⅱ类设备要求。当其未与电网电源相连时,必须符合内部电源设备的要求。例如,有的设备使用电池就可以工作,但在设备上还有一个输入插孔,用来与电源变换器(这种电源变换器可单独配置)连接。通过这种连接,设备就可以使用电网电源进行工作,因此,还必须符合Ⅰ类或Ⅱ类设备的要求。

三、医用电气设备按电击防护程度分型

医用电气设备不同于一般的电子设备,它触体部分较多,为防止电击事故,依靠基础绝缘把触体部分和电源源线圈电路分开。但是,只用这种方法,当绝缘破坏时也不能保证安全。像心脏导管和埋植体内的起搏器的刺激电极等触体部分,它们直接接触心肌和心腔,从这些设备流出的漏电流直接刺激心肌,极易引起心室颤动,因此,必须把从触体部分流出的漏电流限制在极小值范围之内,才

不会引起心室颤动。

当将触体部分接地（保护接地）时，漏电流就几乎全从地线流向大地，减小经过心脏的漏电流。这是一种较简单的方法，但在这种场合下，如还同时有其他设备也连接到患者身体上时，从其他设备上流出的漏电流经过连接心脏的触体部分流向大地，也有引起心室颤动的危险。

为同时连接多台设备而不引起心室颤动，就需要采用某些方法限制连接到心脏上的触体部分流过的电流。为此，将连接心脏的触体部分同设备的其他部分和接地点绝缘，这种方法称为绝缘触体部分，或称浮动触体部分。绝缘触体部分的优点是，它可以依靠绝缘阻抗限制漏电流，特别是限制从外部经过触体部分流入设备的漏电流。

当电流直接流过心肌时，非常小的电流阈值就可以发生心室颤动。因此，直接装在心脏上的设备和其他设备的漏电流必须取不同的漏电流容许值。另外，根据前述理由，还有触体部分不绝缘的设备。由于医用电气设备使用场合不同，对设备的电击防护程度的要求也不同。这是因为人体各部位对电流的承受能力不同的缘故。医用电气设备同患者有着各种各样的接触，有与体表接触和与体内接触，甚至也有直接与心脏接触。例如各种理疗设备大多同患者的体表接触，各种手术设备（如高频电刀）要同患者体内接触，而心脏起搏器、心导管插入装置则要直接与心脏接触。这样就把医用电气设备分成各种型式，按其使用场合的不同，规定不同的电击防护程度，在 GB 9706.1—2007 通用电气标准中划分为 B 型、BF 型、CF 型。

根据这些组合对设备进行分类，如表 1-2-1 所示触体部分的种类和型号：

C 代表 cardic（心脏），B 代表 body（躯体），F 代表浮置隔离。连接心脏的部分一定是绝缘触体部分（CF），在 GB 9706.1—2007《医用电气设备　第 1 部分：安全通用要求》中，对以上几种类型设备分别规定容许漏电流值。CF 型容许的漏电流是三种分类中最严格的。

表 1-2-1 触体部分的种类和型号

种类	适用于体表、体腔	适用于心脏
不绝缘	B	—
触体部分绝缘	BF	CF

1. F 型隔离（浮动）应用部分

F 型隔离（浮动）应用部分是同设备其他各部分相隔离的应用部分，其绝缘应达到在应用部分和地之间加 1.1 倍最高额定网电压时,其患者漏电流在单一故障状态时不超过允许值。

2. B 型应用部分

B 型应用部分是对电击有特定防护程度的设备。特别要注意容许漏电流以及保护接地连接(若有)的可靠性。B 型设备应用部分不适合直接用于心脏。

常用标识符号为:

3. BF 型应用部分

BF 型应用部分是有 F 型应用部分的 B 型设备。其容许漏电流规定值增加了对应用部分加电压的电流测量。B 型、BF 型设备适宜应用于患者体外或体内,不包括直接用于心脏。BF 型设备应用部分不适合直接用于心脏。

常用标识符号为:

4. CF 型应用部分

CF 型应用部分对电击的防护程度特别是在容许漏电流值方面高于 BF 型设备,并具有 F 型应用部分的设备。CF 型设备主要是预期直接用于心脏。

常用标识符号为:

四、医用电气设备安全相关的基本概念

1. 带电

指设备某一部分所处的状态。这里的"带电"不是我们平时所认为的"有电流或电压就是带电",而是强调"连接"后会产生超值电流。当与该部分连接时,

便有超过容许漏电流值的电流从该部分流向地或从该部分流向该设备的其他可触及部分。

2. 网电源部分

设备中旨在与供电网作导电连接的所有部件的总体。就本定义而言,不认为保护接地导线是网电源部分的一个部件。

这里指的所有部件,一般是指电源变压器的一次绕组之前的部分,包括保险丝、电源开关及有关的连接导线,有的还有抗干扰元件和通电指示元件等或延伸至隔离之前,而保护接地导线不是网电源部分的一个部件。

3. 内部电源

包含在设备内并提供设备运行所必需的电能的电源。

4. 应用部分

应用部分指正常使用的设备的一部分,即设备为了实现其功能需要与患者有身体接触的部分,或可能会接触到患者的部分,或需要由患者触及的部分。

应用部分的主要特征是与患者接触,但应用部分不仅仅是与患者相接触的全部部件,而且还应包括连接患者用的导线在内(如心电图机的导联线、高频手术设备的手术导线、中性及双极电极的输出电路、微波治疗设备的发热电极的连接电缆、波导管以及接插件等)。对那些操作者在操作设备时必须同时触及患者和某一部件时,则该部件可以考虑作为应用部分,设备在使用过程中及与患者接触的部件也应考虑作为应用部分。

5. 信号输入、输出部分

(1)信号输入部分。设备的一个部分,但不是应用部分,用来从其他设备接收输入信号电压或电流,例如为显示、记录或数据处理之用。

(2)信号输出部分。设备的一个部分,但不是应用部分,用来向其他设备输出信号的电压或电流,例如为显示、记录或数据处理之用。

信号输入部分和信号输出部分不同于应用部分。应用部分的特征是同患者接触,信号输入、输出部分的特征是用来从其他设备接收或输出信号电压和电流,都是与其他设备有关,而不是与患者有关,如 RS232 数据传输接口。

6. 高电压

任何超过 1000V 交流或 1500V 直流或 1500V 峰值的电压称为高电压。

7. 可触及的金属部分

不使用工具即可接触到的设备上的金属部件。这种接触可以是使用功能上需要的接触，也可以是无意的偶然接触。设备的金属外壳是可触及的金属部件，而那些用标准测试指能触及到的设备上的金属部件，也应视为可触及的金属部件。

8. 安全特低电压

在用安全特低电压变压器或等效隔离程度的装置与供电网隔离，当变压器或变换器由额定供电电压供电时，在不接地的回路中，导体间交流电压不超过 25V 或直流电压不超过 60V 名义电压。

根据上述定义，安全特低电压必须具备下面三个条件：与供电网有效隔离；回路不接地；电压值为，AC：≤25V，DC：≤60V。不能认为交流电压不超过 25V 或直流电压不超过 60V 就是安全特低电压。

9. 电气间隙、爬电距离

电气间隙是指两个导体部件之间的最短空气路径。

爬电距离是指沿两个导体部件之间绝缘材料表面的最短路径。

确定电气间隙的基本因素是瞬时过电压、电场条件（电极形状）、污染、海拔高度，还有下述可能影响电气间隙的因素：防电击防护、机械状况、隔离距离、电路中绝缘故障的后果、工作的连续性。

影响爬电距离的基本因素是电压、污染、绝缘材料、爬电距离的位置和方向、绝缘表面的形状、静电沉积、承受电压的时间等。因此，设计者应根据具体情况，充分考虑这些影响电气间隙和爬电距离的基本因素及其他可能的影响因素。

电气间隙和爬电距离在绝缘配合中的作用是不同的，因此在按各自作用选取的最小爬电距离可能会小于最小电气间隙值。在实际中，这样设计和选用是不合理的。在此条件下最小爬电距离应当等于最小电气间隙。

10. 基本绝缘、双重绝缘、加强绝缘、辅助绝缘

基本绝缘：用于带电部件上对电击起基本防护作用的绝缘。基本绝缘是对

带电部件提供基本防护,使之在正常条件下不会带电。如 II 类设备的不可触及的带电部件就可以采用基本绝缘,在一般情况下能起到防电击的作用。

双重绝缘:由基本绝缘和辅助绝缘两个独立的绝缘组成。双重绝缘一般用于需要双重保护的带电部件。

加强绝缘:用于带电部件的单绝缘系统,它对电击的防护程度相当于 GB 9706.1—2007 规定条件下的双重绝缘。特点是和基本绝缘不能分开,不宜用于需要双重保护的带电部件。

辅助绝缘:附加于基本绝缘的独立绝缘,当基本绝缘发生故障时由它来提供对电击的防护。辅助绝缘是附加在基本绝缘上的独立绝缘,以便在基本绝缘万一失效时对带电部件进行防电击。这里特别要注意"独立"二字,即它与基本绝缘之间是相互独立的,可以分开使用,单独进行电介质强度试验,辅助绝缘的电介质强度要比基本绝缘高些。

11. 外壳

设备的外表面,包括:
——所有可触及的金属部件、旋钮、手柄及类似部件;
——可触及的轴;
——为试验目的而紧贴在低导电率材料或绝缘材料制成的部件外表面上有规定尺寸的金属箔。

12. 漏电流

(1)对地漏电流
由网电源部分穿过或跨过绝缘流入保护接地导线的电流。

在保护接地导线断开的单一故障条件下,如果有接地的人体接触到与该保护接地导线相连的可触及导体(如外壳),则这个对地漏电流将通过人体流到地,当这个电流大于一定值时,就有电击的危险。

(2)外壳漏电流
从在正常使用时操作者或患者可触及的外壳或外壳部件(应用部分除外),经外部导电连接而不是保护接地导线流入大地或外壳其他部分的电流。

如果是 II 类设备,由于它们不配备保护接地线,则要考虑其全部外壳的漏电流;如果是 I 类设备,而它又有一部分的外壳没有和地连接,则要考核这部分的外壳漏电流;另外,在外壳与外壳之间,若有未保护接地的,则还要考核两部分外壳之间的外壳漏电流。

（3）患者漏电流

从应用部分经患者流入地的电流，或是由于在患者身上出现一个来自外部电源的非预期电压而从患者经 F 型应用部分流入地的电流。

这里是由于应用部分一定要接到患者身上，而患者又接地（患者往往是站在地上的），如果应用部分对地存在一个电位差，则必然有一个电流从应用部分经患者到地（这要排除设备治疗上需要的功能电流），这便是患者漏电流。

作为 F 型隔离（浮地）应用部分本来是浮地的，但是当患者身上同时有多台设备在使用时，或者发生其他意外情况时，使患者身上出现一个外部电源的电压（作为一种单一故障状态），这时也会产生患者漏电流。

（4）患者辅助电流

正常使用时，流经应用部分部件之间的患者的电流，此电流预期不产生生理效应，例如放大器的偏置电流、用于阻抗容积描记器的电流。

这里是指设备有多个部件的应用部分，当这些部件同时接入一个患者身上，在部件与部件之间若存在着电位差，则有电流流过患者。而这个电流又不是设备生理治疗功能上需要的电流，这就是患者辅助电流。例如心电图机各导联电极之间的流过患者身上的电流，阻抗容积描记器各电极之间流经患者的电流均属此例。

"患者辅助电流"这一定义还应区别于打算产生生理效应（如对神经和肌肉刺激、心脏起搏、除颤、高频外科手术，即患者功能电流）的电流。

13. 功能接地端子和保护接地端子

功能接地端子指直接与测量供电电路或控制电路某点相连的端子，或直接与为功能目的而接地的屏蔽部分相连的端子。保护接地端子指为安全目的与 I 类设备导体部件相连接的端子，该端子通过保护接地导线与外部保护接地系统相连接。

功能接地端子与保护接地端子的目的不同。功能接地端子是为了安全以外的目的，而直接与测量供电线路或控制电路某一点（往往是电路的公共端）相连接，或直接与某屏蔽部分相连接，而这屏蔽是为功能性目的的接地。保护接地端子是为了安全目的而与 I 类设备导体部件相连接的，这个端子必须要与外部保护接地系统（大地）相连接。功能接地端子不能作为保护接地端子用，二者之间也不能有直接的电气连接。

14. 单一故障状态

设备内只有一个安全方面危险的防护措施发生故障，或只出现一种外部异常情况的状态。

单一故障状态可以是设备本身引起的,也可以是设备外部的异常情况引起的。单一故障状态有两个特征:只与安全相关,设备损坏到失去其运行功能的不包括在内;单一性,只出现一个影响安全性能的故障。

设备在单一故障状态下仍应保持安全,因此单独一个保护措施发生故障是允许的。一般来说,如设备按标准的要求进行设计和制造,两个独立故障同时发生的概率就相当小。各种单一故障是考核测试的主要项目,经验证测试它们必须符合标准的有关要求;各种单一故障状态在测试时,用模拟的办法来创造测试条件,通过验证考核设备在单一故障状态下的符合性。

下列的故障是单一故障:

(1)断开一根保护接地导线。

(2)断开一根电源导线。

(3)F型应用部分上出现一个外来电压。

(4)信号输入部分或信号输出部分出现一个外来电压。

(5)与氧或氧化亚氮混合的易燃麻醉气体外壳的泄漏。

(6)液体的泄漏。

(7)可能引起安全方面危险的电气元件故障。

(8)可能引起安全方面危险的机械零件故障。

(9)温度限制装置故障。

若一个单一故障状态不可避免地导致另一个单一故障状态时,则两者被认为就是一个单一故障状态。

第三节 产生电击的因素及其防护措施

一、产生电击的因素

从根本上说产生电击的原因主要有两点,一是人与电源之间存在两个接触点,形成回路;二是电源电压和回路电阻产生了较大的电流,该电流流过人体发生了生理效应。下面介绍几种可能产生电击的情况:

1. 仪器故障造成漏电

泄漏电流是从仪器的电源到金属机壳之间流过的电流,所有的电子设备都有一定的泄漏电流,泄漏电流主要由电容泄漏电流和电阻泄漏电流两部分组成。

电容泄漏电流又称为位移漏电流,它是由两根电线之间或电线与金属外壳之间的分布电容所致,电线越长、分布电容越大,产生的泄漏电流也越大。例如,50Hz 的交流电、2500pF 的电容产生大约 1MΩ 的容抗、220μA 的泄漏电流。射频滤波器、电源变压器、电源线以及具有杂散电容的一切部件都可产生电容泄漏电流。电阻泄漏电流又称为传导漏电流,产生电阻泄漏电流的原因很多,如绝缘材料失效、导线破损、电容短路等等。需要指出的是由于仪器故障造成的漏电流一般属于电阻产生的传导漏电流。

在泄漏电流中最值得注意的是仪器外壳漏电和连接到病人处的导联漏电,这些漏电都可产生电击事故。正常情况下,仪器的外壳应该是不带电的,但是如果电源的火线偶然与壳体短路,则金属壳体上就带上了 220V 的电压,这时如果站立在地上的人触及金属壳体,人就成为 220V 电压与地之间的负载,就会有数百毫安的电流通过人体,产生致命的危险。图 1-3-1 所示为外壳与火线短路后引起触电的例子。

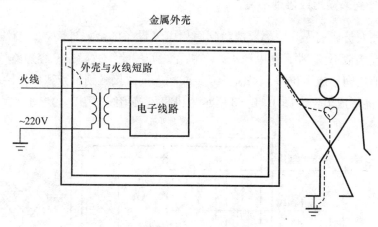

图 1-3-1 仪器外壳与火线短路后引起电击

2. 电容耦合造成的漏电

电容耦合造成的漏电电容几乎存在于任何地方,任何导体与地之间、用绝缘体分开的两个导体之间都可等效为一个电容器而形成交流通路,从而产生由于电容耦合而造成的漏电。例如,仪器的外壳没有接地时,外壳与地之间就形成电容耦合。同样,在电源火线与地之间也形成电容耦合。这样,机壳与地之间就产生电位差,即外壳漏电,如图 1-3-2 所示。这种漏电的范围一般为几十到几百μA,最大不会超过 500μA,因此人们触及外壳时,最多有点麻木的感觉,不会有更大的电击危险,但对于电气敏感的人,若这个电流全部流过心脏,就足以引起严重后果。

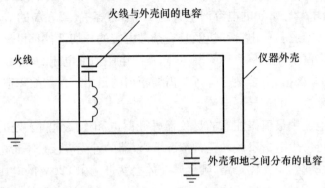

图 1-3-2　外壳漏电流

3. 外壳未接地或接地不良

医务人员或病人几乎都要接触到医用电气设备的金属外壳,如果仪器外壳不接地或接地不良,那么在电源火线和机壳之间的绝缘故障或电容短路,都会在机壳和地之间形成电位差。当医务人员或病人同时接触到机壳和任何接地物体时,都可能形成电击。图 1-3-3 所示为机壳未接地线时引起的电击。

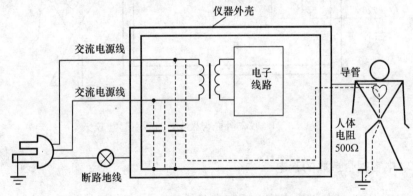

图 1-3-3　机壳未接地或地线断路时引起的电击

4. 非等电位接地

一般情况下,都要求仪器的外壳必须接地,但是如果有几台仪器(包括金属病床)同时与病人相连,那么每台仪器的外壳电位必须相等,否则也会发生电击事故。

这类电击事故如图 1-3-4 所示,病人与病床接触,病床在 A 点接地,同时正在给病人诊断的心电图机的接地导联将病人的右腿在 B 点接地,也就是说,病人同时在 A 点和 B 点接地,这就要求 A、B 两点严格等电位。但是实际上往往存在 A、B 两点电位不等的情况。例如,有一台外壳漏电的仪器也接入心电图机的同一支路,即在 B 点接地,由于 A、B 两点之间总有一定的电阻,而外壳漏电的仪器将 B 点电位抬高,与 A 点之间形成一个电位差,这个电位差使电流从 B 点通过心电图机和病人回流到 A 点,病人就会受到电击。漏电流的大小与 A、B 两点间电阻的大小和外壳漏电仪器的漏电程度有关。

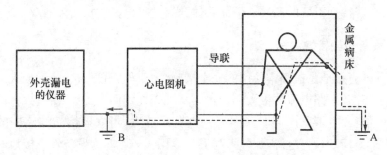

图 1-3-4　非等电位接地导致电击

5. 皮肤电阻减小或消除

人被电击时,皮肤电阻限制了能够流过人体的电流。皮肤电阻随着皮肤水分和油脂的数量大小而变化。显然,皮肤电阻越大,受到电击的危险性就越小。皮肤电阻的大小还与接触面积有关,接触面积越小,皮肤电阻越大,因此应当尽可能减少人体与仪器外壳直接相触的机会和面积。

任何减小或消除皮肤电阻的做法都会增加可能流过的电流,从而使病人更容易受到电击的危害。但是,在生物电的测量过程中,为了提高测量的准确性,往往希望把皮肤电阻减小一些。例如,测量心电时,在皮肤和电极之间涂上一层导电膏,就是为了减小皮肤电阻,因此正在医院里接受诊断和治疗的病人比一般人更容易受到电击。测量的正确性和电击的危险性是生物医学测量中的一对矛盾,应当引起人们的足够重视。

二、医用电气设备的电击防护措施

从上述电击原因可知,防止电击的基本着眼点有两个方面:其一是将病人同所有接地物体和所有电流源进行绝缘,其二是把病人所有能够触及的导电表面都保持在同一电位上,目的都是使通过病人的电流减到最小。

医用电气设备的适用对象多数是不健康的人,有的疾病本身使患者对外界刺激的抵抗力降低;有的由于诊断和治疗,外来的刺激很容易引起更为不良的影响;有的患者由于疾病或者麻醉和药物的影响有可能失去意识,意识处于不清醒状态时,患者失去对危险的感觉。其次,由于疾病种类和治疗上的需要,要使患者身体不动,将身体固定在病床和检查台上,这样的患者即使感觉到电击的危险也无法逃生。

可见,加强医用电气设备的电气安全措施,最大限度地减小病人遭受电击的可能性,有着特别重要的意义。下面具体介绍几种电击防护措施。

1. 设备外壳接地

设备外壳接地是最经常使用的安全措施,由于外壳可靠接地,即使火线与外壳发生了短路,短路电流的极大部分也会从外壳地线回流到地,流过人体的电流只是其中的很小一部分,同时又因短路电流足够大,可立即熔断线路中的保险丝,从而迅速切断设备电源,保障人身安全。图 1-3-5 为设备外壳接地时的情况。一般情况下,只要保证外壳接地良好、有效、可靠,即使设备发生故障,外壳漏电,仍可保证病人安全而不会受电击。但是在某些特殊场合,例如在危重监护病房特别是对电气敏感的病人同时使用多台设备时,为防止设备外壳非等电位接地而引起的电击事故,必须采取等电位接地系统。

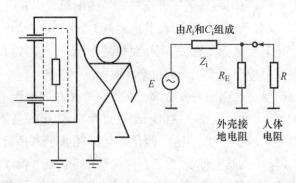

图 1-3-5 设备外壳接地

2. 等电位接地

在分析产生电击的因素时,曾提到当多台设备同时与病人相连的情况,如果每台设备的外壳电位不等,就会发生电击。因此,等电位接地系统是防止电击的又一有力措施。所谓"等电位接地系统",是使病人环境中的所有导电表面和插座地线处于相同电位,然后接真正的"地",以保护电气敏感病人,也能保护病人免受其他地方地线故障的影响。

在测量仪器周围的环境中有很多金属物,如自来水管、煤气管、金属电线管、建筑物的钢筋和金属窗框等,将这些金属和仪器外壳连接后再接地就成为了等电位化方式,如图1-3-6所示。

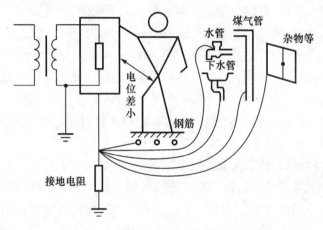

图1-3-6　等电位接地

3. 基础绝缘

把医用电气设备的电路部分进行绝缘,通常采用金属或绝缘外壳将整个设备覆盖起来,使人接触不到。如图1-3-7所示,R_P为人体的等效电阻,Z_i为绝缘的阻抗,用R_i及C_i并联表示。由于绝缘使流过人体的电流减小,在很多场合下可以防止电击事故。

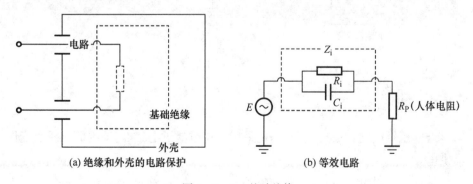

(a) 绝缘和外壳的电路保护　　　　　　　(b) 等效电路

图1-3-7　基础绝缘

25

基础绝缘即使是正常的,也存在引起事故的可能。这是因为绝缘阻抗不够大,因而漏电流增大引起电击事故。医用电气设备安全标准中,对医用设备正常工作时不引起微电击的漏电流容许值取为 $10\mu A$。如果电源电压采用 220V,绝缘阻抗必须在 5MΩ 以上。

4. 双重绝缘

当病人和医务人员偶然接触到漏电设备的外壳时,就会发生电击事故。为了确保安全,通常可以采用两种方法,一是用绝缘材料做设备的外壳,二是用另外的绝缘层(保护绝缘层)将易与人体接触的带电导体与设备的金属壳体隔离(称为一次绝缘),而设备的金属壳体照常与它的电气部分隔离(功能绝缘层,又称为二次绝缘层)。这两种方法都称为双重绝缘,它包括了防护绝缘和功能绝缘。采用双重绝缘后,即使设备的外壳漏电,也不会引起电击事故。需要指出的是,双重绝缘不但能防止强电击,也能防止微电击。

采用双重绝缘的设备为Ⅱ类设备,前面已有定义。Ⅰ类设备的附加保护安全是靠接地电阻的外部因素,Ⅱ类设备的附加保护安全是靠仪器本身的内部绝缘性能加强,这是两类设备的不同特征。Ⅱ类设备的外壳即使是用导电材料做成的,原则上也不需要把它接地。只有某些特殊的仪器,为了防止微电击而将其接地。图 1-3-8 所示为双重绝缘及等效电路。

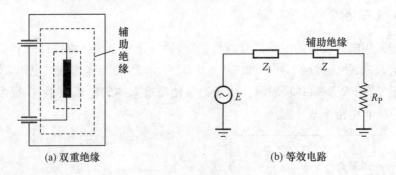

(a) 双重绝缘   (b) 等效电路

图 1-3-8 双重绝缘

5. 低电压供电

低电压供电的方法有两种,一是采用低压电池供电,二是采用低压隔离变压器供电。

低压电池供电一方面可达到低压供电的目的,另一方面由于它没有接地端,因此电池供电设备的外壳可不接地,这样就可取消人体接地的措施。电池供电广泛应用于无线电遥测中,如在 ICU、CCU 监护系统中,往往需要对病人的心电、脉搏、呼吸等参数进行不间断的监护。图 1-3-9 所示的遥测系统可实现这一目的。

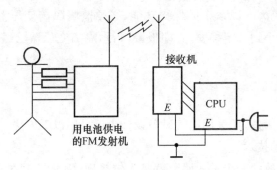

图 1-3-9　生理遥测系统

遥测系统的主要组成部分:传感器、放大器、发射机、发射天线、接收天线、接收机及记录器。以心率无线遥测为例,通常的做法是:将放大器、发射机组装在一个体积尽可能小的盒子里,线路由电池供电。发射信号被在远处的接收机接收,接收部分不与人体接触,故可采用市电供电。因电池电压通常较低,不会对人体构成危险,故低压电池供电是避免电击事故的一种有效方法。

低压隔离变压器常使用在如眼底镜和内窥镜等仅有一个灯泡耗电量较大的医疗设备中,其输出低压部分与地绝缘。

6. 采用非接地配电系统

一般的低压配电系统都是采用接地方式,即交流电源中的中线是接地的,这是引起电击的一个重要潜在因素。采用隔离变压器可将接地方式变为非接地方式。隔离变压器与普通变压器的不同之处在于它的次级绕组没有任何一端接地,如图 1-3-10 所示。

图 1-3-10　变压器和隔离变压器

只要次级对地的阻抗足够大,则次级的一条线即使接地也没有电流通过。

但是实际上,由于初级、次级间存在静电电容,次级对地也有分布电容,因此漏电流总是存在的。实际的接地电流是由次级对地的阻抗大小决定的。显然,假若次级对地的阻抗变得很小,或者次级的一端与地短接,则隔离变压器的功能将不再存在。这时,如果隔离电源次级另一端与病人接触,电击事故照样也会发生。可见,为了保证隔离电源系统的保护功能,必须监测隔离变压器和地之间的阻抗。一旦电阻减小到一定程度,立即报警,指示隔离变压器已经失效,确保及时排除故障。

7. 患者保护

从患者角度出发,在医用电气设备设计中可采用以下方法。

(1)右腿驱动技术

造成触电事故的一个重要原因就是人体接地,因此最根本的安全用电措施就是取消人体接地。人体接地的目的是在没有高质量的放大器情况下采取的减少共模信号的应急措施。测量心电图时,如果病人右脚不接地,如图 1-3-11 所示,由于杂散分布电容的影响,病人身上将会产生很高的共模电压。假设病人左肩离电源最近,可将分布电容看做集中在电源火线和左肩之间;再设右腿离地最近,将分布电容看做是集中在地和右腿之间。假设它们相等,均等于 $10\mu F$。通过分析可知,右腿不接地时,等效共模电压可达 110V;如果右腿接地,则共模电压可减少到 0.5mV 左右。因此,最理想的方法是设计出一种既能减少共模干扰又能取消人体接地的电路。图 1-3-12 所示的右腿驱动心电放大器即可实现这一目的。

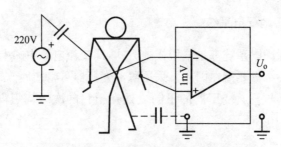

图 1-3-11　右腿不接地心电放大器

图 1-3-12 中放大器对病人感受到的 50Hz 的电源干扰采样,并把该信号通过右腿放大器反馈给病人,以便抵消这种干扰。该系统可使病人有效地与地隔离,具有很小的泄漏电流,记录的心电图也相当清晰。

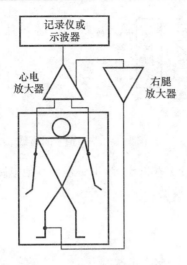

图 1 - 3 - 12 右腿驱动心电放大器

(2)人体小电流接地

正常情况下,人体通过一定电阻接地。一旦人体受到电击,电阻则限制通过人体的电流使之成为安全电流。这样使人体电位既保持为零电位,又对病人没有潜在危险。图 1 - 3 - 13 所示为一实用电路,图中 R 为数十 MΩ,四桥臂 VD 为晶体二极管。一旦右腿的入地电流过量时,二极管桥路将切断右腿的接地线,免遭电击,确保人身安全。

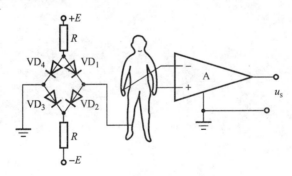

图 1 - 3 - 13 人体小电流接地电路

(3)信号隔离器

在绝缘体部分、触体部分和其他部分之间进行了电路绝缘,但还必须能够传送信号,能实现这个任务的就是信号隔离器。信号隔离器是依靠电磁耦合或光耦合来传送信号的,如图 1 - 3 - 14 所示。除此之外,还可以通过声波、超声波、机械振动等介质来传送信号。

— 29 —

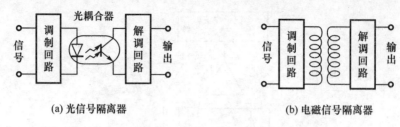

(a) 光信号隔离器　　　　　　　　(b) 电磁信号隔离器

图 1-3-14　信号隔离器

供给绝缘触体部分工作的电源，也必须与其他电路绝缘，使用绝缘触体部分专用电池或 DC-DC 变换器。

第二章　医用电气设备电气安全检测

第一节　医用电气设备电气安全检测相关标准

近年来,医用电气设备日益增多,已成为诊断、治疗中必要的手段和不可缺少的设备。医学设备的特征是设备和生物体密切相关联,多数医用电气设备为了取得生物体信息或给生物体产生某种作用而将设备和生物体紧密地连接到一起工作。然而,由于安全使用和管理不当引起的致命性电击使患者和医生对医用电气设备产生恐惧心理,严重影响了医用电气设备的发展,引起了有关医用电气设备专家学者和厂家的重视,一些国家先后研究和制定了医用电气设备的安全标准。

为了满足需求,国际电工技术委员会(International Electrotechnical Commission,IEC)于 1987 年制定出《医用电气设备安全通则》(IEC 60601.1－1988 General Requirements for Electrical Equipment Used in Medical Practice),其中的医疗电气设备的安全性,不只规定了电的安全,还规定了设备的安全、防爆等各个方面,并对试验方法等也作了详细的规定。

参照 IEC 的《安全通则》,并根据我国国情,卫生部于 1988 年 9 月 5 日发布了国家标准(GB 9706.1－1988),于 1989 年 3 月 1 日起正式执行。1995 年改版为 GB 9706.1－1995,并于 1996 年 12 月 1 日起实施。为了与国际安全检测工作接轨,国家医药总局于 1997 年再次强调,GB 9706.1 是强制性标准,必须强制执行。该标准的发布执行,为患者提供了安全使用医用电气设备的有力保障。随着 IEC 60601.1 不断出具修改件,2007 年 GB 9706.1 再次改版为 GB 9706.1－2007,与之配套的多项专用标准也相继出台。

GB 9706.1－2007 全称为《医用电气设备　第 1 部分:安全通用要求》,适用于各种医用电气设备。对电击危险防护的通用安全检测主要包括四个部分,即漏电流、绝缘阻抗、接地线电阻、电介质强度。GB 9706.1 安全要求的几个方面如下:

(1)对电击危险的防护;

(2)机械危险的防护；

(3)不需要的或过量辐射危险的防护；

(4)对易燃麻醉混合气体点燃危险的防护；

(5)对超温和其他方面危险的防护；

(6)工作数据的准确性和危险输出的防止；

(7)不正常的运行和故障状态；

(8)对结构的要求。

GB 9706.1－2007 等同采用 IEC 60601.1 的标准。除 GB 9706.1 外，我国针对不同的医用电气设备，制定和发布了多个电气安全专用标准，主要包括：

GB 9706.2－2003　医用电气设备　第 2－16 部分：血液透析、血液透析滤过和血液滤过设备的安全专用要求；

GB 9706.3－2000 医用电气设备　第 2 部分：诊断 X 射线发生装置的高压发生器安全专用要求；

GB 9706.4－2009 医用电气设备　第 2－2 部分：高频手术设备安全专用要求；

GB 9706.5－2008 医用电气设备　第 2 部分：能量为 1MeV 至 50MeV 电子加速器安全专用要求；

GB 9706.6－2007 医用电气设备　第 2 部分：微波治疗设备安全专用要求；

GB 9706.7－2008 医用电气设备　第 2－5 部分：超声理疗设备安全专用要求；

GB 9706.8－2009 医用电气设备　第 2－4 部分：心脏除颤器安全专用要求；

GB 9706.9－2008 医用电气设备　第 2－37 部分：超声诊断和监护设备安全专用要求；

GB 9706.10－1997 医用电气设备　第二部分：治疗 X 射线发生装置安全专用要求；

GB 9706.11－1997 医用电气设备　第二部分：医用诊断 X 射线源组件和 X 射线管组件安全专用要求；

GB 9706.12－1997 医用电气设备　第一部分：安全通用要求三、并列标准诊断 X 射线设备辐射防护通用要求；

GB 9706.13－2008 医用电气设备　第二部分：自动控制式近距离治疗后装设备安全专用要求；

GB 9706.14－1997 医用电气设备　第二部分:X 射线设备附属设备安全专用要求;

GB 9706.15－2008 医用电气设备　第 1－1 部分:通用安全要求　并列标准:医用电气系统安全要求;

GB 9706.16－1999 医用电气设备　第 2 部分:放射治疗模拟机安全专用要求;

GB 9706.17－1999 医用电气设备　第 2 部分:γ 射束治疗设备安全专用要求;

GB 9706.18－2006 医用电气设备　第 2 部分:X 射线计算机体层摄影设备安全专用要求;

GB 9706.19－2000 医用电气设备　第 2 部分:内窥镜设备安全专用要求;

GB 9706.20－2000 医用电气设备　第 2 部分:诊断和治疗激光设备安全专用要求;

GB 9706.21－2003 医用电气设备　第 2 部分:用于放射治疗与患者接触且具有电气连接辐射探测器的剂量计的安全专用要求;

GB 9706.22－2003 医用电气设备　第 2 部分:体外引发碎石设备安全专用要求;

GB 9706.23－2005 医用电气设备　第 2－43 部分:介入操作　X 射线设备安全专用要求;

GB 9706.24－2005 医用电气设备　第 2－45 部分:乳腺 X 射线摄影设备及乳腺摄影立体定位装置安全专用要求;

GB 9706.25－2005 医用电气设备　第二部分:心电监护设备安全专用要求;

GB 9706.26－2005 医用电气设备　第 2 部分:脑电图机安全专用要求;

GB 9706.27－2005 医用电气设备　第 2 部分:输液泵和输液控制器安全专用要求;

GB 9706.28－2006 医用电气设备　第 2 部分:呼吸机安全专用要求　治疗呼吸机;

GB 9706.29－2006 医用电气设备　第 2 部分:麻醉系统的安全和基本性能专用要求;

GB 10793－2000 医用电气设备　第 2 部分:心电图机安全专用要求;

GB 11243－2008 医用电气设备　第 2 部分:婴儿培养箱安全专用要求。

由此可见,医用电气设备从设计制造开始就要考虑产品的安全性,不仅要考虑正常使用时的安全性,还要考虑设备在运输、储存、安装、保养时的安全性;不仅要考虑正常状态下的安全性,还要考虑设备在非正常状态下的安全性;不仅要考虑设备不会产生可以预计到的危险,还要考虑预期目的不相关的危险,以确保医用电气设备的安全。

安全标准在执行上有一个显著的特点,就是安全标准的强制执行,这在《中华人民共和国标准化法》中已作出规定,因此,医用电气设备的生产企业必须执行这些标准。

第二节　GB 9706.1－2007 简介

"安全"是表示没有危害的意思。在生活的各个领域中都存在"安全"的问题。在临床大量使用医用电气设备时,必须确保对患者和医生不造成危害,即保证安全。

现代医院的医疗中引进各种技术先进的电气设备,对这些新技术在医疗中的作用效果应该给以科学的技术评价。一方面要对其在诊断和治疗中的有效性做出评价,另一方面还应对其危险性做出评价。医用电气设备在这正反两个方面都必须满足医疗要求,才是一种成功和可用的新技术。如果只重视仪器的有效性而忽视安全性,很可能出现"手术成功而患者死亡"。反之,只重视安全性而忽视有效性,将降低医疗水平,治不好病。人们在选购和使用医用电气设备时,经常重视有效性而忽视安全性。在医疗中使用不安全的技术或仪器,将对患者和仪器使用人员的生命造成威胁,这是工程技术人员必须高度重视的一个严重问题。

在 GB 9706.1－2007 中,医用电气设备的安全性涉及一系列防止潜在危险发生的要求和措施,主要有以下几个方面:

1. 防电击危险

医用电气设备是用在人体上进行诊断和治疗疾病的,其工作对象是患者。因患者一般是处于对外来作用非常脆弱的状态,已无能力判断危险,或即使意识到危险也可能难以摆脱。有的疾病使患者对外界刺激的抵抗力降低,有的在诊断和治疗中,因外来的刺激而引起更坏的影响。例如,心脏病人因很小的电流就会引起心室纤颤,特别是在插入心导管进行诊治的情况下,即使是微小电流也容易因电击引起心室纤颤造成危险。在临床使用医用电气设备时,都希望不给患者以任何痛苦,但多少是要伴随着一定痛苦的,只不过要将其痛苦限制在正常范围内,而不会造成危险。另外,患者因病或麻醉和药物的影响可能失去意识,处于不清醒状态,也使患者失去对危险的感觉。可见,使用医用电气设备对患者进行诊断和治疗时,必须从患者特点出发,充分考虑医用电气设备的安全性问题,尽量减少设备相互干扰和外界影响,确保设备的正常性能,达到医疗安全的目的。医用电气设备的安全使用和管理,这是临床医护人员和医学工程技术人员共同完成救死扶伤使命的必备条件。

GB 9706.1－2007 中,以防电击危险的要求和检测为主要内容。

2. 防机械危险

国际和国内曾出现过因医用电气设备的某些机械结构设计或制造工艺的缺陷,给患者或医务人员带来的危害事故,如:

(1)设备支承患者部件的机械强度不足、提拎把手和手柄的承载能力低;内窥镜手术进行时发生器械断裂;自体血液回收过程中离心碗破裂导致血液流失等事故。

(2)运动部件未加防护,如意外接触皮带、齿轮。

(3)粗糙表面、尖角及锐边的碰伤。

(4)稳定性,如设备在运输或使用过程中因倾斜发生的倾倒。

(5)悬挂物,如无影灯因悬挂装置断裂而跌落。

GB 9706.1－2007 中,有对机械危险防护的要求和检测方法。

3. 防过量辐射危险

来自以诊断、治疗为目的用于患者的医用电气设备的辐射,可能超过人类通常可接受的限值。必须对患者、操作者、其他人员以及设备附近的灵敏装置采用足够的防护装置,以使他们免受来自设备的不需要的或过量的辐射。

GB 9706.1－2007 中这方面内容主要是针对 X 射线辐射和电磁兼容性、有关不需要的或过量辐射的防护和检测要求。

4. 电磁兼容性(EMC)

在现代化医院中,使用着各种类型的医用电气设备或系统,它们在工作时产生一些有用或无用的电磁能量,这些能量可能造成系统内各设备间的互相干扰,以及系统与外部其他设备或系统之间的干扰。例如,手术室中启动高频电刀,能对周围的医用电气设备产生很大的电磁干扰,使其他设备无法正常工作。国内外有关报道中也有 ICU 病房中的对电磁干扰敏感的医用电气设备,如监护仪、输液泵等因受外界的手机等的干扰而影响正常工作的案例。

GB 9706.1－2007第36章,已规定执行医用电气设备的电磁兼容性行业标准 YY0505—2005《医用电气设备电磁兼容要求与试验》。

5. 防爆炸危险

主要针对与空气混合的易燃麻醉气及与氧或氧化亚氮混合的易燃麻醉气点燃危险的防护。

手术室里,医用电气设备在存在有空气、氧气或一氧化氮与可燃麻醉气组合的混合气体中使用时,可能发生爆炸。

6. 防超温、失火危险

设备在正常使用和正常状态下,并在规定的环境温度范围内,具有安全功能的设备部件及其周围的温度一旦超过规定的极限温度,将给患者造成危险。例如,曾有过某医院的婴儿培养箱由于箱温失控而致婴儿死亡的例子。

另外,设备在使用过程中可能由于滥用造成部分或全部损坏而引起失火危险,因此设备应有足以防止失火危险的强度和刚度。

GB 9706.1－2007中,有对超温、防火的防护和检测的要求。

7. 防微生物

对于正常使用时与患者接触的部件,GB 9706.1－2007 要求在使用说明书中规定其清洗、消毒、灭菌的方法,以确保不损坏或影响其安全防护性能。

8. 生物相容性

GB 9706.1－2007 规定,预期与生物组织、细胞或体液接触的设备部件和附件的部分,应按照 GB/T 16886.1－2001《医疗器械生物学评价 第1部分:评价与试验》中给出的指南和原则进行评估和形成文件,并通过检查制造商提供的资料来检验是否符合要求。

9. 防过量输出危险

设备的过量输出超过人体所能承受的安全极限,将对患者或操作者带来危险。

造成过量输出的原因,可能是一台多功能设备设计成能按不同治疗要求提供低强度或高强度的输出时,操作人员因不熟悉设备的安全操作造成的误设定,而影响患者或操作者的安全。

GB 9706.1－2007 对过量输出提出了防止的要求和措施。

第三节 医用电气设备安全性检测

上节讲述了 GB 9706.1－2007 中的医用电气设备安全性涉及的 9 项防止潜在危险发生的要求和措施,本书更多关注的是"防电击危险"部分,相关的检测项目包括:漏电流、接地电阻和绝缘阻抗。GB 9706.1－2007 对每个项目的测试方法、测试设备、测量电路的连接都做了明确的规定。

一、漏电流

医用电气设备的安全性测试中最重要的测试就是仪器的漏电流。包括:对地漏电流(流过保护接地导线的电流)、外壳漏电流(从外壳流向大地的电流)、患者漏电流(从应用部分经患者流入大地的电流,或是由于在患者身上意外地出现一个来自外部电源的电压而从患者经 F 型应用部分流入大地的电流)、患者辅助漏电流(流入处于应用部分部件之间的患者的电流)等四种。

漏电流测量时,要求在正常状态和单一故障状态下全部进行测量。共有 6 种模式:

1)正常状态(Normal Condition);

2)正常状态、电源极性反相(Normal Conditions,Reversed Mains);

3)单一故障模式下断开一根电源线状态(Open Supply);

4)单一故障模式下断开一根电源线、电源极性反相状态(Open Supply,Reversed Mains);

5)单一故障模式下断开保护接地线(Open Earth);

6)单一故障模式下断开保护接地线、电源极性反相(Open Earth,Reversed Mains)。

GB 9706.1 规定的各类仪器安全漏电流容许值如表 2－3－1 所示。

1. 测试装置

对直流、交流及频率小于或等于 1MHz 的复合波形来说,测试装置(MD)必须给漏电流源或患者辅助电流源加上约 1kΩ 的阻性阻抗,如图 2-3-1 所示。图中:$R_1=10(1\pm5\%)$kΩ,$R_2=1(1\pm1\%)$kΩ,$C_1=0.015(1\pm5\%)\mu$F

表 2-3-1 各类仪器安全漏电流容许值　　　　　　单位:mA

电　流		B 型		BF 型		CF 型	
		正常状态	单一故障状态	正常状态	单一故障状态	正常状态	单一故障状态
对地漏电流(一般设备)		0.5	1[1]	0.5	1[1]	0.5	1[1]
按注 1)、注 4)的设备对地漏电流		2.5	5[1]	2.5	5[1]	2.5	5[1]
按注 3)的设备对地漏电流		5	10[1]	5	10[1]	5	10[1]
外壳漏电流		0.1	0.5	0.1	0.5	0.1	0.5
按注 5)的患者漏电流	DC	0.01	0.05	0.01	0.05	0.01	0.05
	AC	0.1	0.5	0.1	0.5	0.01	0.05
患者漏电流(在信号输入部分或信号输出部分加电源网电压)		—	5	—	5	—	5
患者漏电流(应用部分加电源网电压)					5		0.05
按注 5)的患者辅助漏电流	DC	0.01	0.05	0.01	0.05	0.01	0.05
	AC	0.1	0.5	0.1	0.5	0.01	0.05

注:1)对地漏电流的唯一单一故障状态,就是每次有一根电源导线断开。

2)设备的可触及部分未保护接地,也没有供其他设备保护接地用的装置,且外壳漏电流和患者漏电流(如适用)符合要求。例如,某些带有屏蔽的网电源部分的计算机。

3)规定是永久性安装的设备,其保护接地导线的电气连接只有使用工具才能松开,且紧固或机械固定在规定位置,只有使用工具才能被移动。例如,X 射线设备的主件,如 X 射线发生器、检查床或治疗床;有矿物绝缘电热器的设备;由于符合抑制无线电干扰的要求,其对地漏电流超过表第一行规定值的设备。

4)移动式 X 射线设备和有矿物绝缘的移动式设备。

5)表中规定的患者漏电流和患者辅助电流的交流分量的最大值仅是指电流的交流分量。

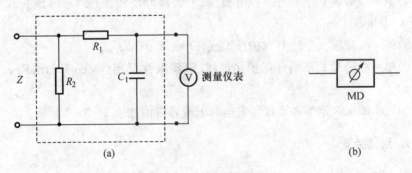

(a)　　　　　　　　　　　　　　　　　(b)

图 2-3-1　测试装置(MD)

2. 测量电路

GB 9706.1—2007 列举了五种测量电路,现介绍两种常用的供电电路。

(1)规定按Ⅰ类或Ⅱ类单相电源供电的设备的测量供电电路,如图 2-3-2 所示。

规定使用指定的Ⅰ类单相网电源的设备。试验时必须依次断开和闭合开关 S_8。然而,若所指定电源具有固定的永久性安装的保护接地导线,试验时必须闭合开关 S_8。

规定使用指定的Ⅱ类单相网电源的设备。不使用保护接地连接和 S_8。

图中,①为设备外壳;②为规定的电源。

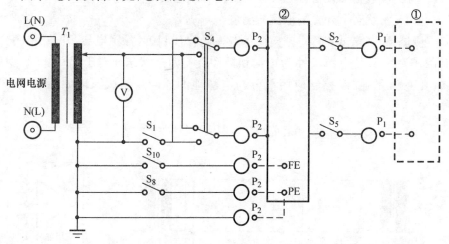

图 2-3-2　由规定按Ⅰ类或Ⅱ类单相电源供电的设备的测量供电电路

(2)供电网的一端近似地电位时的测量供电电路,如图 2-3-3 所示。

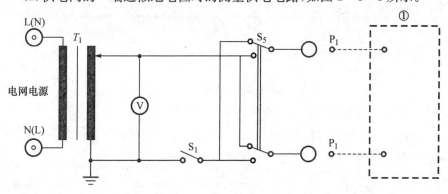

图 2-3-3　供电网的一端近似地电位时的测量供电电路

规定与有一端大约为地电位的供电网相连的设备,以及对电源类别未予规定的设备。

3. 机壳漏电流

用测试装置在地和未保护接地外壳的每个部分之间以及在未保护接地外壳的各部分之间测量。

测试装置对被检设备电源端输入110%额定电压,测量从在正常使用时操作者或患者可触及的外壳或外壳部件(应用部分除外),经外部导电连接而不是保护接地导线流入大地或外壳其他部分的电流。

适用范围:Ⅰ类设备,B型、BF型或CF型应用部分。

(1)正常状态下外壳漏电流的测量

测试条件:测试装置对被检设备电源端输入110%额定电压,开关S_1闭合,利用开关S_2设置电源极性为正常和极性反相两个状态。对于BF和CF型设备,开关S_3的通、断控制应用部分与电源地的通断。测试原理如图2-3-4所示。

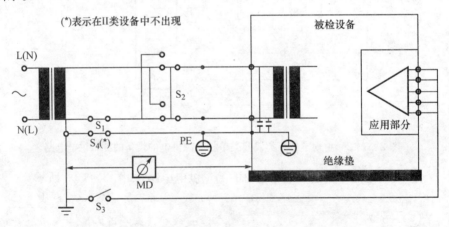

图2-3-4 正常状态下外壳漏电流测试原理图

(2)单一故障状态下外壳漏电流的测量

①断开一根电源线状态下外壳漏电流的测量

测试条件:测试装置对被检设备电源端输入110%额定电压,开关S_1断开,利用开关S_2设置电源极性为正常和极性反相两个状态。对于BF和CF型设备,开关S_3的通、断控制应用部分与电源地的通断。对于BF和CF型设备,开关S_3的通、断控制应用部分与电源地的通断。测试原理如图2-3-5所示。

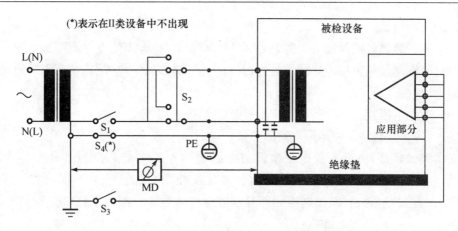

图 2-3-5 断开一根电源线状态下外壳漏电流测试原理图

②断开一根地线状态下外壳漏电流的测量

测试条件:测试装置对被检设备电源端输入110％额定电压,开关 S_1 闭合,利用开关 S_2 设置电源极性为正常和极性反相两个状态,S_4 断开。对于 BF 和 CF 型设备,开关 S_3 的通、断控制应用部分与电源地的通断。测试原理如图 2-3-6所示。

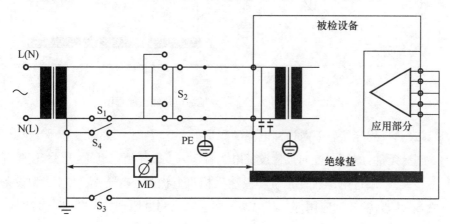

图 2-3-6 断开一根地线状态下外壳漏电流测试原理图

4. 对地漏电流

测量时可将测试装置接在保护接地端和墙壁接地端钮(大地)之间。当仪器采用两孔插座时,应将电源插头交换一下进行测量,以改变电源的极性,取两者中的较大值作为漏电流。如仪器本身有附加保护接地端钮时,应将它和接地断开后测量。

测试装置对被检设备电源端输入110%额定电压,测量由电源部分穿过或跨过绝缘流入保护接地导线的电流,又分为正常状态和单一故障状态下的对地漏电流。

适用范围:Ⅰ类设备,B型、BF型或CF型应用部分。

(1)正常状态下对地漏电流的测量

测试条件:测试装置向被检设备电源端输入110%额定电压,开关S_1闭合,利用开关S_2设置电源极性正常和极性反相两个状态。对于BF和CF型设备,开关S_3的通、断控制应用部分与电源地的通断。测试原理如图2-3-7所示。

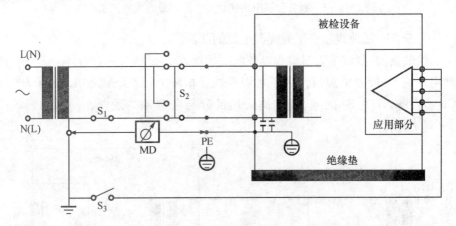

图2-3-7　正常状态下对地漏电流测试原理图

(2)单一故障状态下对地漏电流的测量

测试条件:测试装置向被检设备电源端输入110%额定电压,开关S_1断开,利用开关S_2设置电源极性正常和极性反相两个状态。对于BF和CF型设备,开关S_3的通、断控制应用部分与电源地的通断。测试原理如图2-3-8所示。

5. 患者漏电流

对应用部分的连接,必须测量的患者漏电流有:对B型设备,从连在一起的所有患者连线,或按制造厂的说明对应用部分加载进行测量;对BF型设备,轮流从应用部分的同一功能的连在一起的所有患者连线,或按制造厂的说明对应用部分加载进行测量;对CF型设备,轮流从每个患者连接点进行测量。

测量患者漏电流时,GB 9706.1-2007对测量电路规定了下列各种情况:有

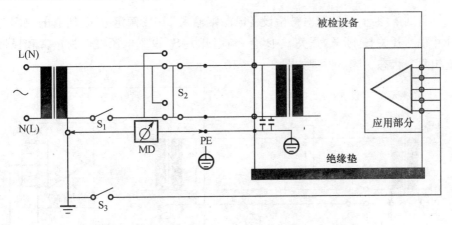

图 2-3-8　单一故障状态下对地漏电流测量原理图

应用部分的Ⅰ类、Ⅱ类设备；有 F 型应用部分的Ⅰ类、Ⅱ类设备；有应用部分和信号输入和（或）信号输出部分的Ⅰ类、Ⅱ类设备及内部电源设备相应的各种情况。

　　适用范围：Ⅰ类设备，Ⅱ类设备，B 型、BF 型或 CF 型应用部分。

　　（1）正常状态下患者漏电流的测量

　　测试条件：测试装置对被检设备电源端输入 110％额定电压，所有的应用部分并联。开关 S_1 闭合，利用开关 S_2 设置电源极性正常和极性反相联系两个状态。测试原理如图 2-3-9 所示。

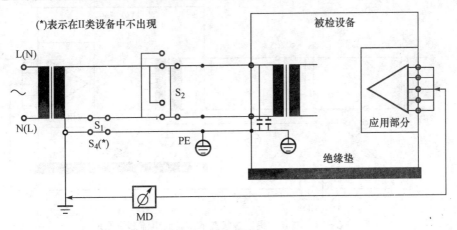

图 2-3-9　正常状态下患者漏电流测量原理图

　　（2）单一故障状态下患者漏电流的测量

　　①断开一根电源线状态下患者漏电流的测量

— 43 —

测试条件:测试装置对被检设备电源端输入 110% 额定电压,所有的应用部分并联。开关 S_1 断开,开关 S_4 闭合,利用开关 S_2 设置电源极性为正常和极性反相两个状态。测试原理如图 2-3-10 所示。

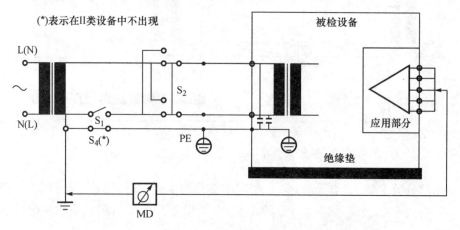

图 2-3-10　断开一根电源线状态下患者漏电流测量原理图

②断开一根地线状态下患者漏电流的测量

测试条件:测试装置对被检设备电源端输入 110% 额定电压,所有的应用部分并联。开关 S_1 闭合,开关 S_4 断开,利用开关 S_2 设置电源极性为正常和极性反相两个状态。测试原理如图 2-3-11 所示。

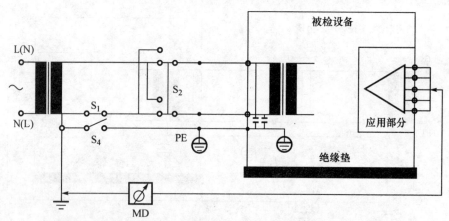

图 2-3-11　断开一根地线状态下患者漏电流测量原理图

6. 患者辅助漏电流

对应用部分的连接可参照患者漏电流的要求。同时,测量患者辅助漏电流时,GB 9706.1－2007也对测量电路规定了下列各种情况:有应用部分的Ⅰ类、Ⅱ类设备和内部电源设备两种情况。

适用范围:Ⅰ类设备,Ⅱ类设备,B型、BF型或CF型应用部分。

(1)正常状态下患者辅助漏电流的测量

测试条件:测试装置对被检设备电源端输入110%额定电压,开关S_1闭合,利用开关S_2设置电源极性正常和极性反相两个状态,开关PA用来获得应用部分之间的所有组合。测试原理如图2-3-12所示。

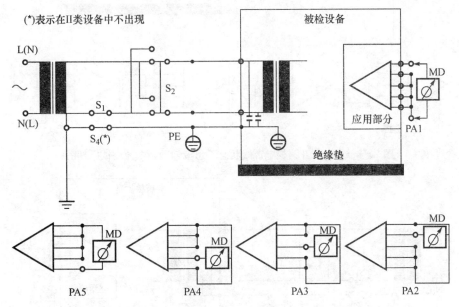

图2-3-12　正常状态下患者辅助漏电流测量原理图

(2)单一故障状态下患者辅助漏电流的测量

①断开一根电源线状态下患者辅助漏电流的测量

测试条件:测试装置对被检设备电源端输入110%额定电压,开关S_1断开,开关S_4闭合,利用开关S_2设置电源极性为正常和极性反相两个状态,开关PA用来获得应用部分之间的所有组合。测试原理如图2-3-13所示。

②断开一根地线状态下患者辅助漏电流的测量

测试条件:测试装置对被检设备电源端输入110%额定电压。开关S_1闭合,开关S_4断开,利用开关S_2设置电源极性为正常和极性反相两个状态,开关PA用来获得应用部分之间的所有组合。测试原理如图2-3-14所示。

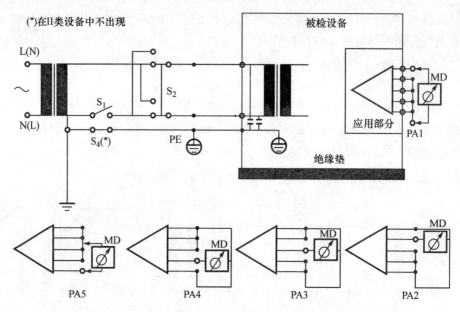

图 2-3-13 断开一根电源线状态下患者辅助漏电流测试原理图

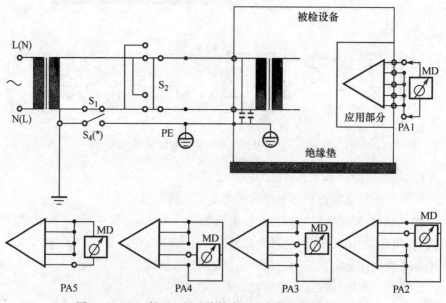

图 2-3-14 断开一根地线状态下患者漏电流测试原理图

二、绝缘电阻

绝缘电阻用于测量绝缘材料的击穿程度,即电导线和交流插座接地连接线之间、应用部分和电源地线之间的电气绝缘性。

适用于Ⅰ类和Ⅱ类设备,用于检测主电源到地线(Ⅰ类)或外壳(Ⅱ类)之间的绝缘性,测试过程中在测试端加500V的直流测试电压。

1. 主电源到外壳的绝缘阻抗

检测被检仪器的电源线(火线和零线连接在一起)到外壳接地保护端的绝缘阻抗。

适用范围:Ⅰ类设备,B型、BF型或CF型应用部分。

测试条件:将500V直流电源加于火线和零线连线和外壳接地端之间。测试原理如图2-3-15所示。

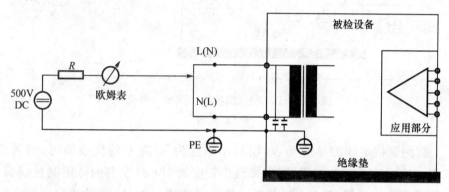

图2-3-15 绝缘阻抗(主电源到外壳)测试原理图

2. 应用部分到外壳的绝缘阻抗

检测被检仪器的应用部分到外壳保护接地端的绝缘阻抗。

适用范围:Ⅰ类设备,BF型或CF型应用部分。

测试条件:将500V直流电源加于应用部分和机壳接地端之间。测试原理如图2-3-16所示。

三、保护接地电阻

一般的医用电子仪器,都是靠仪器的接地端通过导线和大地相连,俗称"接地",从而旁路漏电流,以防止患者和操作者遭受电击。在此意义上,接地线、接地端是否良好是安全的重要因素。

GB 9706.1-2007规定不用电源软电线的设备,保护接地端子与保护接地的所有可触及金属部件之间的阻抗,不得超过0.1Ω;带有电源输入插口的设备,在插口中的保护接地点与已保护接地的所有可触及金属部件之间的阻抗,不得超过0.1Ω;带有不可拆卸电源软电线的设备,网电源插头中的保护接地脚和已保护接地的所有可触及金属部件之间的阻抗不得超过0.2Ω。

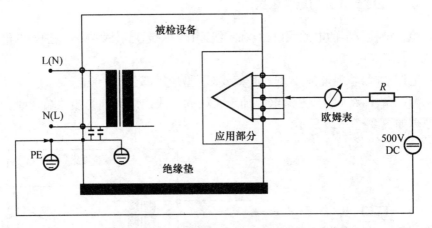

图2-3-16 绝缘阻抗(应用部分-外壳)
测试原理图

欲测量接地线的导通与否,用最小刻度为1Ω左右的仪表即可,但若要知道接地线的正确电阻值,则需要最小刻度为10mΩ左右的低阻测量仪器,以便能准确地测量(0.1~0.2)Ω这样小的电阻。但是,测量如此小的电阻时,被测点和表笔间的接触电阻也属同一数量级,所以一般应采用如下试验方法。

用50Hz或60Hz、空载电压不超过6V的电流源,产生25A或1.5倍于设备额定电流,两者取较大的一个,在(5~10)s的时间里,在保护接地端子或设备电源输入插口保护接地连接点或网电源插头的保护接地脚和在基本绝缘失效情况下可能带电的每一个可触及金属部件之间流通。测量上述有关部分之间的电压降,根据电流和电压降确定阻抗,不得超过上述规定的值。

适用范围:I类设备,B型、BF型或CF型应用部分。

标准要求:医用电气设备通常使用电源软电线连接,网电源插头中的接地保护引脚与已保护接地的所有可触及的金属部件之间的阻抗不超过0.2Ω。

测试原理如图2-3-17所示。

(*)表示在Ⅱ类设备中不出现

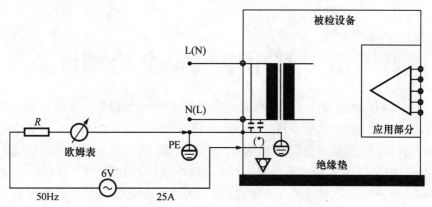

图 2-3-17　保护接地电阻测试原理图

第三章 常用电气安全检测设备

依照国家《医疗器械注册管理办法》的规定,医用电气设备上市前必须按照相关标准的要求进行型式批准和注册检验,所依据的标准多为国标、行标以及企业在国标行标基础上形成的企标,其电气安全检测依据 GB 9706.1—2007 通用电气标准和 GB 9706.X 专用标准的要求进行。医用电气设备上市之后,在临床使用期间,随着设备的使用、仪器绝缘性能的下降或者维修后电路部分的变动,都会带来电气安全隐患,所以,使用期间的电气安全检测也是非常必要的。目前市场上所售的电气安全检测设备种类较多,功能相近,主要产品包括:Metron 公司的 QA-90、QA-ST,FLUKE 公司的 ESA601pro 系列、ESA180、ESA175、ESA505、ESA620,Rigel公司的 288,Datrend System 公司的 ES601 系列等。所有这些测试设备,其主要的检测项目包括:对地漏电流、机壳漏电流、患者漏电流、患者辅助漏电流、接地电阻、绝缘电阻、功耗等,本章将对主流的几款电气安全测试仪进行介绍。

第一节 QA-90 电气安全测试仪

一、QA-90 电气安全测试仪功能简介

QA-90 电气安全测试仪可实现医用电气设备电气安全多项指标的自动模式和手动模式测试,并具有测试结果存储和打印功能,方便调阅和出具检测报告。

QA-90 电气安全测试仪的外观如图 3-1-1 所示:

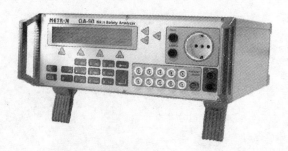

图 3-1-1 QA-90 电气安全测试仪外观图

QA-90电气安全测试仪前面板各按键功能及接口定义如图3-1-2所示：

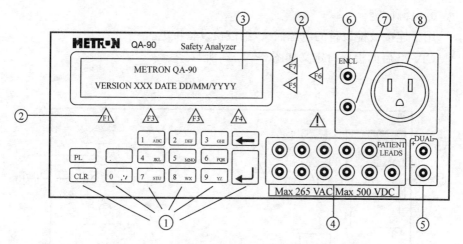

图3-1-2　QA-90电气安全测试仪前面板图

①键盘

11个字母数字键，用于输入信息。

PL	患者导联设置	用于定义患者导联；
CLR	清除键	清除整个屏幕显示；
←	删除键	删除最后一个字符；
↵	回车键	记录输入的数据。

②功能键

F1~F4用于选择显示在屏幕底部菜单条上的功能，即选择键位上方直接对应的功能；

F5~F7用于选择对应的功能或是在相应行的信息域中输入信息。

③LED显示

显示信息、测试结果以及功能菜单。

④Patient Leads

患者导联接口，用于连接患者应用部分。

⑤Dual接口

双线测试接口，E＋和E－，分别接浮地输入、输出端。

⑥Encl.

外壳接口，用于连接被检设备的外壳。

⑦地线接口

用于校准测量导线的附加地线接口。

⑧电源插座

用于连接被检设备的电源插头,给被检设备供电。

QA-90 后面板接口定义如图 3-1-3 所示。

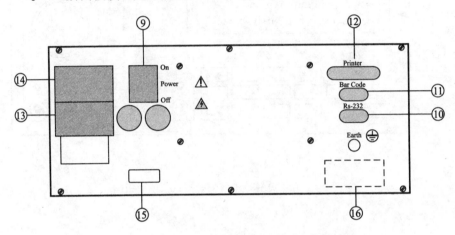

图 3-1-3　QA-90 电气安全测试仪后面板示意图

⑨电源开关　　　　　　接通、断开电源。

⑩RS-232 串行口　　　　9 针 D-sub 接口。

⑪条形码接口　　　　　　9 针 D-sub 接口,HP-Smartwand 接口(TTL)。

⑫打印机输出口　　　　　25 针 D-sub 接口,并行打印机接口。

⑬QA-90 电源　　　　　　电源插口。

⑭辅助电源　　　　　　　被检设备的辅助电源插口。

⑮保险丝　　　　　　　　电源保险丝,2×16A@220V。

⑯接地　　　　　　　　　附加接地点。

二、测试导线的校准

为了减小测试导线本身的阻抗对测量结果的影响,QA-90 电气安全测试仪的自校准功能首先测定测试导线的阻抗,并在随后的检测中将其扣除。测试导线校准步骤:

(1)在进行自校准之前,将测试导线连接在 QA-90 电气安全测试仪前面板的外壳接口(ENCL.)和接地接口(EARTH)之间,或连接在双线输入(DUAL)的两个接口之间(如图 3-1-4 所示),断开其他导线;

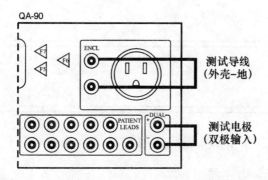

图 3-1-4 测试导线校准连接图

(2)在主菜单上按 SETUP(F3)键；

(3)在系统设置菜单(SYSTEM SETUP)上按 CAL(F3)键；

(4)若测试导线连接在外壳接口(ENCL.)和接地接口(EARTH)之间,则在自校准菜单(SELF CALIBRATION)上按 Calibrate test lead, enclosure/ground (F6)键；若测试导线连接在双线输入(DUAL)的两个接口之间,则按 Calibrate test lead, dual float (F5)键。如图 3-1-5 所示。

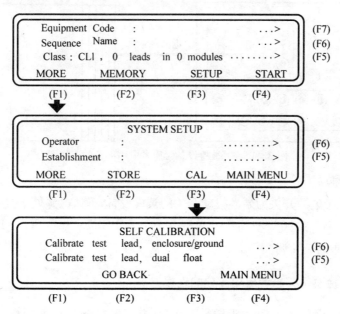

图 3-1-5 测试导线校准界面

(5)校准测试结束后,测试结果显示在屏幕上,如图 3-1-6 所示。

注:ENCL.-EARTH 或 DUAL 两种测试线校准方式之中选取一种进行即

可,依据后续的检测连接方式而定。

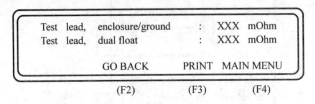

图 3-1-6 测试导线校准结果显示界面

三、被检设备的连接

1. 被检设备无患者应用部分的连接方法

将被检设备的电源插头插入 QA-90 电气安全测试仪前面板上的供电插座,然后将校准过的测试导线连接在被检设备的外壳可触及金属端(或保护接地端)和 QA-90 电气安全测试仪前面板上的 ENCL 接口之间(如图 3-1-7 所示):

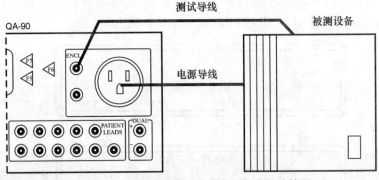

图 3-1-7 被检设备无患者应用部分的连接图

注意事项:

(1)对于电源开关为硬性拨动开关的被检设备,确认电源处于接通状态;

(2)如果 QA-90 开机后主菜单屏幕上显示 PEVERSED POLARITY,需将其电源插座的极性调换一下。

2. 被检设备有患者应用部分的连接方法

将被检设备的电源插头插入 QA-90 电气安全测试仪前面板上的供电插座,然后将校准过的测试导线连接在被检设备的外壳可触及金属端(或保护接地端)和 QA-90 电气安全测试仪前面板上的 ENCL 接口之间。将被检设备的患者应用部分连接在 QA-90 电气安全测试仪前面板的患者导联接口

之间(如图 3-1-8 所示):

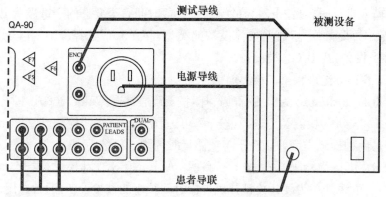

图 3-1-8　接入患者应用部分的连接图

四、检测参数的设置

在完成测试线的校准和被检设备的连接后,设置 QA-90 的检测参数。

QA-90 电气安全测试仪开机后首先进行自检,自检通过即进入主菜单界面,可设置定量检测的各项参数。主菜单由两层界面构成,如图 3-1-9 所示:

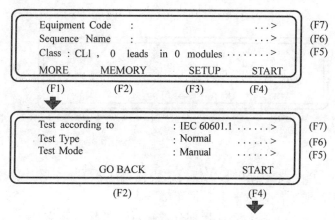

图 3-1-9　QA-90 电气安全测试仪主界面

Equipment Code 为设备代码,按 F7 可输入设备编号或序列号,作为存储调阅时的检索依据。如果是单台设备的测量且无需存储测量结果,设备代码输入可以省略。

Sequence Name 为序列名称,如果有数个相同的设备需要测试,可以定义一个序列用于所有设备的测试并根据设备代码保存相应测试结果。对于单台设备的测量,该项可忽略。

设备代码和序列名称的输入可利用前面板的数字键完成,数字键直接输入,当需要输入字母时,可按下对应的键保持一段时间直至要选的字母显示出来。

Class 为设备分类,根据被检设备的类型,按 F5,可选择 CL1(Ⅰ类设备)、CL2(Ⅱ类设备)或 IP(IP 类设备)。

压下 More 键进入第二级界面。

Test according to 为检测标准选择,按 F7,通常选择 IEC 60601.1。

Test Type 为检测类型选择,按 F6,可选择 Rapid(快速检测)或 Normal(普通检测),两种检测类型差别在于单项测量时的测试次数不同。

Test Mode 为检测模式,按 F5 可选择 Automatic(自动模式)或 Manual(手动模式)。电源开关为硬开关且开机自检时间较短的被检设备,通常选用自动检测模式。QA-90 电气安全测试仪会自动顺序执行各项检测,检测完成后,可读取检测结果。电源开关为软开关或开机后有较长时间自检的被检设备,建议选用手动模式,并随着检测项目的要求适时打开被检设备电源开关。随着医用电气设备智能化水平的提高,软件开机大量采用,自检程序日益复杂,实际测试中,手动模式较为常用。

对于具有接入患者应用部分的被检设备,还应对患者应用部分进行定义。按键盘上的 PL 键,屏幕显示患者导联记录窗口,如图 3-1-10 所示。

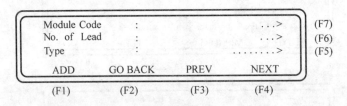

图 3-1-10 患者应用部分定义界面

Module Code 为模块代码,仅作为代码标识,以区别于其他模块。按 F7 后输入任意数字,通常输入数字 1,按回车键确认。

No. of leads 为被检设备应用部分数目,按 F6 输入数字,输入的数字要与被检设备实际应用部分的数目相符,按回车键确认。例如:某被检监护仪有三根电极线,则此处应输入 3 并按回车键确认。

Type 为应用部分类型,包括 B 型、BF 型和 CF 型应用部分,按 F5 选择类型,例如被检设备为监护仪,选择 CF 型后按回车键确认。

待所有选择完成后,按 ADD(F1)键可添加模块,按 GO BACK(F2)键返回主菜单,已存储的模块数目将显示在主菜单的 Class(设备分类)行。至此检测参数设置完成,可按 START(F4)键开始进行通用电气各项参数的测试。

五、通用电气各项参数的检测方法(手动模式)

通用电气检测可分为电源部分检测和患者应用部分检测。电源部分检测包括电源电压、保护接地电阻、绝缘阻抗(电源-外壳)、对地漏电流、外壳漏电流。患者应用部分检测包括绝缘阻抗(应用部分-外壳)、患者漏电流、患者辅助漏电流。其中漏电流检测应在正常状态和单一故障状态下分别进行。

设备的连接方式按照本节第三部分——被检设备的连接执行,如被检设备电源开关为硬开关,将电源开关置于"ON"位置;如被检设备电源开关为软开关,可不考虑其电源状态,测试过程中,针对不同的测试项目,被检设备会自动开关机,当被检设备自动开机时,待其完成自检进入正常工作界面后,方可进行检测。

1. 电源电压的测试

a)在主菜单界面完成检测参数设置,Test Mode(检测模式)设置为 Manual(手动模式);

b)在主菜单界面按 START(F4)键,进入 MANUAL TEST SETUP(手动测试设置)模式;

c)按 F6 键,选择 Mains Voltage,进入电源电压测试界面;

d)按 START(F1)键,开始测试;

e)待读数稳定后,按 STOP(F1)键停止测试。此时界面上显示电压测量值及测试是否通过。

f)若按 GO BACK(F2),返回 MANUAL TEST SETUP(手动测试设置)模式,可以继续进行其他手动功能测试;若按 MAIN MENU(F4)键,则返回主菜单。

设置过程如图 3-1-11 所示。

2. 保护接地电阻(注意:仅限于Ⅰ类设备)

a)设置检测条件,测量模式为手动;

b)在主菜单界面,按 START(F4)键,进入 MANUAL TEST SETUP(手动测试设置)模式;

c)在手动测试模式中,按 MORE(F1)键至 Protective Earth(保护接地)项出现,按 F7 键,进入该功能测试;

d)按 START(F4)键,测试仪开始测试。15s 后测试完成,其中 Result 项显示测量值,U 项显示施加测试电压,Limit 项显示标准极限值,Test Failed 或 Test Passed 给出测试通过与否的结论;

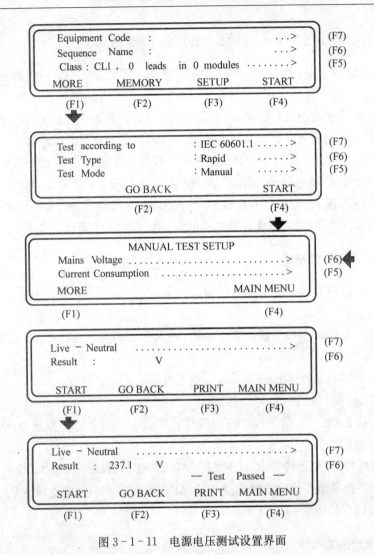

图 3-1-11　电源电压测试设置界面

e)按 GO BACK(F2),返回 MANUAL TEST SETUP(手动测试设置)模式,继续进行其他手动功能测试;按 MAIN MENU(F4)键,则返回主菜单界面。

设置过程如图 3-1-12 所示。

3. 绝缘阻抗的测量

(1)电源-机壳

a)设置检测条件,测量模式为手动;

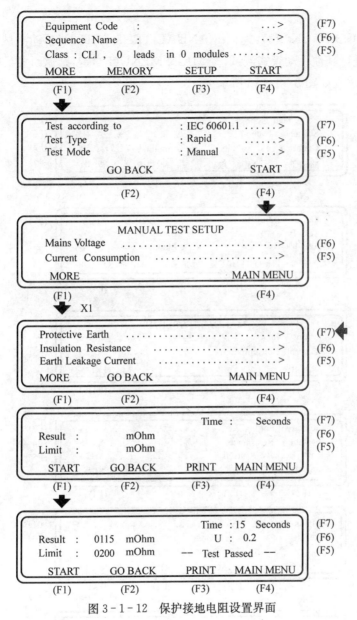

图 3-1-12　保护接地电阻设置界面

b)在主菜单界面,按 START(F4)键,进入 MANUAL TEST SETUP(手动测试设置)模式;

c)在手动测试模式中,按 MORE(F1)键1次,至 Insulation Resistance(绝缘阻抗)项出现,按 F6 键,进入该功能测试,QA-90 默认电源-机壳的绝缘阻抗;

d)按 START(F4)键,测试仪开始测试。测试完毕后 Result 界面显示测量结果。

e)按 GO BACK（F2），返回 MANUAL TEST SETUP（手动测试设置）模式，继续进行其他手动模式测试；按 MAIN MENU（F4）键，则返回主菜单。

设置过程如图 3-1-13 所示。

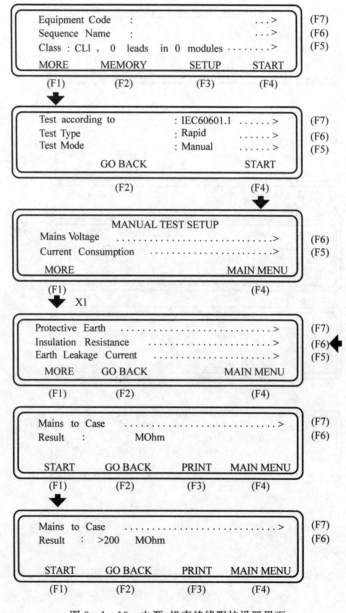

图 3-1-13　电源-机壳绝缘阻抗设置界面

— 60 —

（2）应用部分-外壳

a)在主菜单界面完成检测参数设置,Test Mode(检测模式)设置为 Manual(手动模式);

b)在主菜单界面按 START(F4)键,进入 MANUAL TEST SETUP(手动测试设置)模式;

c)按 MORE(F1)键 1 次,出现 Insulation Resistance(绝缘阻抗)检测项,按 F6 键,进入该项功能;

d)按 F7 键切换测试项为 Applied Part to Case(应用部分-外壳);

e)按 START(F1)键,开始测试;待读数稳定后,按 STOP(F1)停止测试;

f)按 GO BACK(F2),返回 MANUAL TEST SETUP(手动测试设置)界面,继续进行其他手动模式测试;按 MAIN MENU(F4)键,则返回主菜单。

设置过程如图 3-1-14 所示。

4. 对地漏电流的测量

a)在主菜单界面完成检测参数设置,Test Mode(检测模式)设置为 Manual(手动模式);

b)在主菜单界面按 START(F4)键,进入 MANUAL TEST SETUP(手动测试设置)模式;

c)按 MORE(F1)键 1 次,出现 Earth Leakage Current(对地漏电流)检测项,按 F5 键,进入该项功能测试;

d)在此测试界面中,屏幕的第一行为测试状态,按 F7 键可分别切换为正常和各种单一故障状态;

e)针对每种状态,按 START(F1)键开始测试,待读数稳定后,按 STOP(F1)键停止测试;

f)对地漏电流测试完成后,按 GO BACK(F2),返回 MANUAL TEST SETUP(手动测试设置)模式,继续进行其他手动模式测试;按 MAIN MENU(F4)键,则返回主菜单。

设置过程如图 3-1-15 所示。

5. 外壳漏电流的测量

a)在主菜单界面完成检测参数设置,Test Mode(检测模式)设置为 Manual(手动模式);

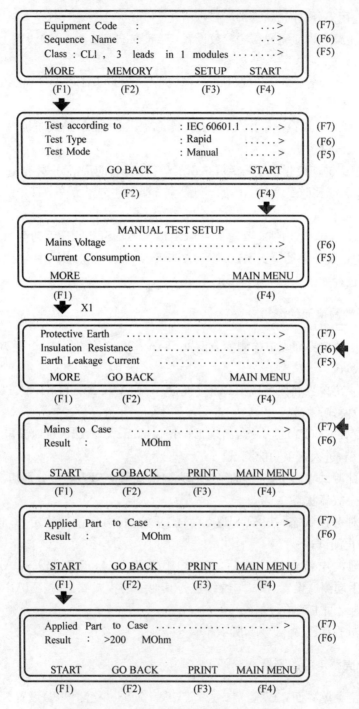

图 3-1-14 应用部分-外壳绝缘阻抗设置界面

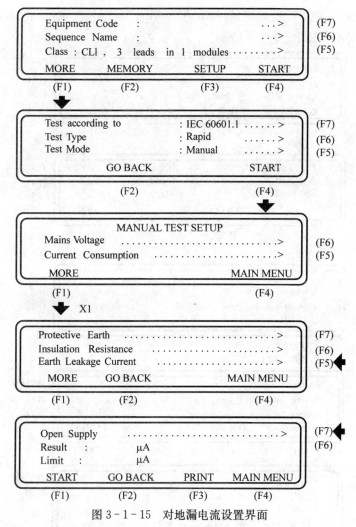

图 3 - 1 - 15　对地漏电流设置界面

b)在主菜单界面按 START(F4)键,进入 MANUAL TEST SETUP(手动测试设置)模式;

c)按 MORE(F1)键 2 次,出现 Enclosure Leakage Current(外壳漏电流)检测项,按 F7 键,进入该项功能;

d)在此测试界面中,屏幕的第一行为测试状态,按 F7 键可分别切换为正常和各种单一故障状态;

e)针对每种状态,按 START(F1)键开始测试,待读数稳定后,按 STOP(F1)键停止测试;

f)按 GO BACK(F2)键,返回 MANUAL TEST SETUP(手动测试设置)模

式,继续进行其他手动模式测试;按 MAIN MENU(F4)键,则返回主菜单。

设置过程如图 3-1-16 所示。

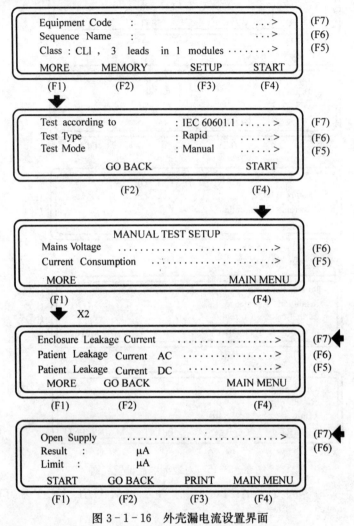

图 3-1-16　外壳漏电流设置界面

6. 患者漏电流

a)在主菜单界面完成检测参数设置,Test Mode(测试模式)设置为 Manual(手动模式);

b)在主菜单界面按 START(F4)键,进入 MANUAL TEST SETUP(手动测试设置)模式;

c)按 MORE(F1)键 2 次,出现 Patient Leakage Current AC(患者漏电流)

检测项,按 F6 键,进入该项功能;

d)在此测试界面中,屏幕的第一行为测试状态,按 F7 键可分别切换为正常和各种单一故障状态;

e)针对每种状态,按 START(F1)键开始测试,待读数稳定后,按 STOP(F1)键停止测试;

f)按 GO BACK(F2)键,返回 MANUAL TEST SETUP(手动测试设置)模式,继续进行其他手动模式测试;按 MAIN MENU(F4)键,则返回主菜单。

设置过程如图 3-1-17 所示。

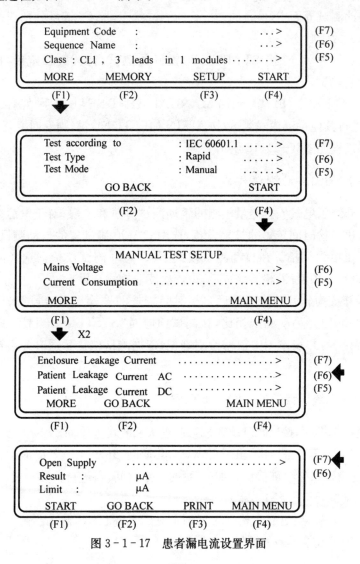

图 3-1-17　患者漏电流设置界面

7. 患者辅助漏电流

a)在主菜单界面完成检测参数设置,Test Mode(检测模式)设置为 Manual (手动模式);

b)在主菜单界面按 START(F4)键,进入 MANUAL TEST SETUP(手动测试设置)模式;

c)按 MORE(F1)键 3 次,出现 Patient Auxiliary Current AC(患者辅助漏电流)检测项,按 F7 键,进入该项功能;

d)在此测试界面中,屏幕的第一行为测试状态,按 F7 键可分别切换为正常和各种单一故障状态;

e)针对每种状态,按 START(F1)键开始测试,待读数稳定后,按 STOP (F1)键停止测试;

f)按 GO BACK(F2)键,返回 MANUAL TEST SETUP(手动测试设置)模式,继续进行其他手动模式测试;按 MAIN MENU(F4)键,则返回主菜单。

设置过程如图 3-1-18 所示。

六、QA-90 自动测试模式

上面介绍了电气安全定量检测的手动测试方法和步骤,对于电源开关为硬开关且开机自检时间较短的被检设备,选用 QA-90 测试仪的自动测试模式,会使定量测量更为简洁。在自动测试模式下,QA-90 测试仪依据选择的测试标准,自动进行各项检测,检测完成后,可依次读取检测结果。

电源开关为软开关或开机后自检时间较长的被检设备,也可采用自动模式进行检测,但与手动测试相比,在测试前应对"SYSTEM SETUP"中的某些项目进行设置,并在检测中根据检测进程,依据测试仪提示适时开启被检设备电源。

1. 更改系统设置(SYSTEM SETUP)

在主菜单界面,按"SETUP"(F3)键,进入系统设置界面。

按 MORE(F1)键 1 次,出现 Power-up delay time(上电延时时间)选项,表示 QA-90 测试仪先给被检设备加电,延时一定时间,再进行参数测量,以保证测量时被检设备处于稳定工作状态。

按"F5"键后,通过键盘输入延时时间,按回车键确认输入。输入的延时时间应大于等于被检设备的开机自检时间。

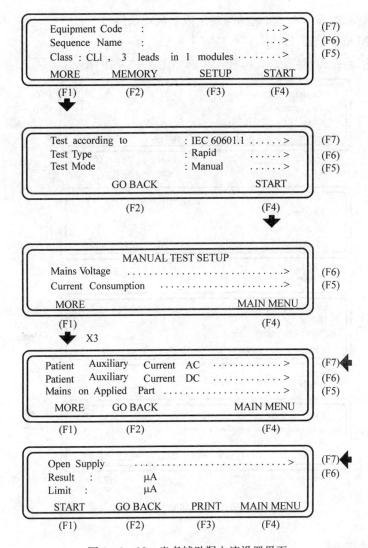

图 3 - 1 - 18　患者辅助漏电流设置界面

　　按 MORE(F1)，进入下一界面，出现 Stop at new power config(加电后等待)和 Stop before new power config(加电前等待)设置项。加电前等待设置项表示在 QA-90 测试仪自动测试模式中，给被检设备加电前，测试仪先处于等待状态，待按下"CONTINUE"键后方给被检设备加电，并按"上电延时时间项"的设置值延时一定时间后，再进行参数测量。加电后等待设置项表示在 QA-90 测试仪自动测试模式中，测试仪先给被检设备加电，然后处于等待状态，待按下"CONTINUE"键，再进行参数测量。此选项与"上电延时时间项"设置值无关。

可根据需要,按 F7、F6 键,选择与禁用以上两项功能。

按"MAIN MENU"(F4)键,返回主菜单。

至此,系统设置完成,具体操作界面如图 3-1-19 所示。

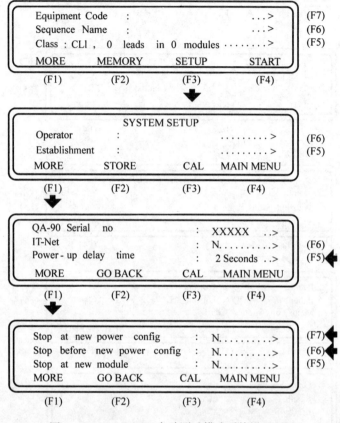

图 3-1-19　QA-90 自动测试模式系统设置界面

2. 操作步骤

a)在主菜单界面按"SETUP"(F3)进入系统设置(SYSTEM SETUP)界面,更改系统设置;系统设置完成后,按"MAIN MENU"(F4)键返回主菜单;

b)在主菜单界面完成检测参数设置,"Test Mode"(检测模式)设置为"Automatic"(自动模式);

c)主菜单界面选择测试依据的标准,如 IEC 60601.1;

d)按"START"(F4)键,QA-90 测试仪开始自动测试;

e)如在自动检测过程中出现上电等待状态,根据提示按"CONTINUE"

（F2）键，继续测试；

f)测试完成后，出现测试结束界面，给出全部测试结果（Test Passed 或 Test Failed）；按"SHOW TEST"（F1）键可逐条显示各项测量值；

g)记录测量值，按 NEXT（F2）键显示下一测量值；

h)待记录完所需测量值后，按"MAIN MENU"（F4）返回主菜单。

至此，自动测量结束，具体操作界面如图 3-1-20 所示：

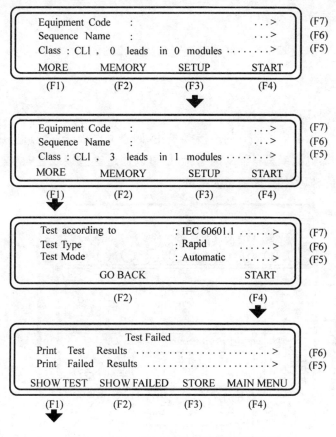

图 3-1-20 QA-90 自动测试设置界面

第二节 ESA620 自动电气安全测试仪

ESA620 电气安全测试仪是一种功能齐全、结构紧凑、携带方便、操作直观的电气安全测试设备，依照国际标准 IEC 60601-1，EN62353，AN/NZS 3551，

IEC 61010,VDE 751,ANSI/AAMI ES1,NFPA 99 电气安全标准进行测试。

测试仪主要测试项目包括:电源电压、保护接地电阻、设备工作电流、绝缘电阻、接地漏电流、外壳漏电流、患者漏电流和患者辅助漏电流、应用部分上的电源漏电流(导联隔离)、差动漏电流、设备漏电流、应用部分直流患者漏电流、应用部分交流患者漏电流、可接触部分漏电流、可接触部分电压、点对点漏电流、电压和电阻、心电图(ECG)模拟和性能波形。

一、仪器面板介绍

图 3-2-1 是 ESA620 自动电气安全测试仪的面板示意图。

1. 前面板

①心电图/应用部分接线柱

被检设备患者应用部分的连接接线柱,如心电电极线。通过应用部分的连接测试患者漏电流或患者辅助漏电流,也可以通过这些接线柱向被检设备提供模拟心电信号和多种性能参考波形。

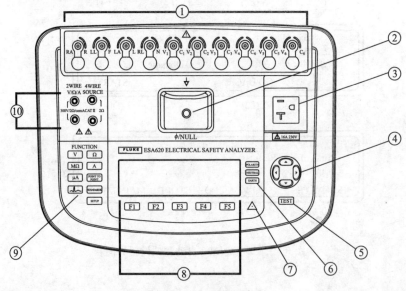

图 3-2-1 面板示意图

②调零接线柱(NULL)

用于将测试导线电阻归零的连接。

③供电插座

为被检设备供电。

④选择按钮

用于调整菜单和列表的光标控制按钮,还可针对不同的测试项目选择参数。

⑤测试按钮

启动选定的测试。控制供电插座的接线、断开/闭合零线和接地连接,以及转换零线和火线连接的极性。

⑥供电插座接线方式按钮

控制供电插座火线、零线及保护地线的接线方式。实现正常和单一故障状态下漏电流的测试。

⑦高压指示灯

当测试过程中需要施加高电压时,此指示灯点亮,以示警示。

⑧功能键

F1 至 F5 功能键,与显示界面对应,实现各项功能的选择。

⑨测试项目按钮

直接选择各种测试项目,操作直观。

V:供电电压测试;

MΩ:绝缘电阻测试;

μA:漏电流测试;

Ω:接地电阻测试;

A:设备工作电流测试;

POINT to POINT:点对点漏电流测试;

⋏:模拟心电波形输出;

Standards:标准选择;

Setup:仪器设置。

⑩输入接口

测试线接口、两线电阻、四线电阻测试。

2. 仪器后面板

图 3-2-2 是 ESA620 的后面板示意图。

①交流电源开关

打开和关闭测试仪。

②交流电源线接口

③保险丝座

④USB 设备端口(B 型接口)

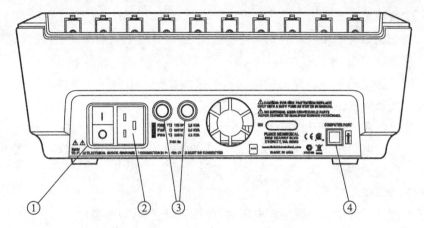

图 3-2-2　后面板示意图

用于从 PC 机或仪器控制装置对测试仪进行控制的数字连接。

二、测试导线的校准

ESA620 接通电源,开机后首先进行自检,自检完成后进入主界面。在进行各项测试之前,首先对测试线进行校准,以消除测试线本身对测试结果的阻抗影响。

校准步骤如下:

(1)测试线的一端接到 2-WIREV/Ω/A 输入接口,另一端连接到测试仪面板中间部分的调零接线柱,如图 3-2-3 所示;

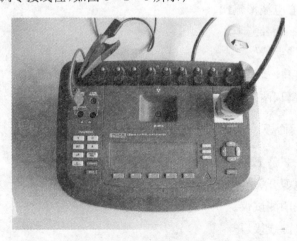

图 3-2-3　测试线调零连接

(2)选择测试项目按钮中的"Ω"键进入电阻功能菜单；

(3)选择调零电流为 200mA，压下 TEST 测试按钮，检测该测试线的阻抗并显示测量值；

(4)按下 F4 功能键（Zero Leads 导线归零），测试仪将测量值归零，以抵消测试线的电阻；

(5)再次按下 TEST 键，此时显示检测值为 0Ω，完成测试线的校准。

三、被检设备的连接

1. 被检设备无患者应用部分的连接

将被检设备的电源插头插入 ESA620 电气安全测试仪前面板上的供电插座，然后将校准过的测试导线连接在被检设备的外壳可触及金属端（或保护接地端）和 ESA620 电气安全测试仪前面板上的 2 线/4 线测试线接口之间（如图 3-2-4所示）。

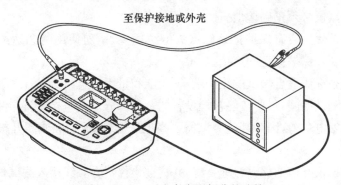

图 3-2-4　无患者应用部分的连接

2. 被检设备有患者应用部分的连接

将被检设备的电源插头插入 ESA620 电气安全测试仪前面板上的供电插座，然后将校准过的测试导线连接在被检设备的外壳可触及金属端（或保护接地端）和 ESA620 电气安全测试仪前面板上的 2 线/4 线测试线接口之间。将被检设备的患者应用部分连接在 ESA620 电气安全测试仪前面板的电极/患者应用部分接线柱之间（如图 3-2-5 所示）。

3. 注意事项

(1)在使用测试导线连接被检设备和 ESA620 电气安全测试仪之前，首先检

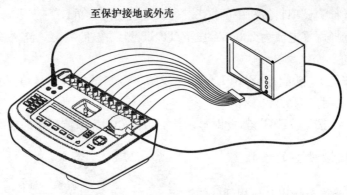

图 3-2-5　有患者应用部分的连接

查测试导线的绝缘是否损坏或导线金属是否裸露在外,检查测试导线的连通性,若导线损坏,更换后再使用。

（2）测试时,手指必须持握在测试导线上的安全挡板后方。

（3）由于带有危险电压,使用期间切勿打开测试仪机壳。

（4）测试仪必须正确接地。

（5）必须使用带有保护接地触点的电源插座,请勿使用两芯适配器或延长线,这样会断开保护接地的连接。

（6）必须选用适合测试的正确端子、功能和量程。

（7）在测试期间,不要接触被检设备的金属部分。在被检设备与测试仪相连时,应留意触电危险,因为某些测试需要高电压、高电流、和/或断开被检设备的接地连接。

（8）测试仪开机前保证接地良好,并将被检仪器导联线接入测试仪。

四、检测参数的设置及手动测试方法

按照被检设备的类型连接测试电路,被检设备电源接到 ESA620 的供电插座上,被检设备的电源开关为硬开关时,将电源开关置于"ON"的位置,被检设备处于开机状态;被检设备的电源开关为软开关时,或者设备开机需要通过较长时间的自检才能进入工作模式时,无需考虑开关的状态。

ESA620 电气安全测试仪接通电源后开机。测试仪首先进行开机自检,自检通过后即可跳转到"Select a test......"界面,如图 3-2-6 所示,进入检测等待状态,随时可选择测试项目进行测试。

ESA620 测试项目的设置。通过测试项目按钮直接选择各种测试项目,操作直观。

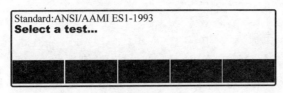

分析仪操作准备就绪

图 3-2-6　ESA620 开机自检界面

1. 电源电压测试

"电源电压"测试,是指 ESA620 所接入的市电电压测量。压下面板左侧的"V"供电电压测试键,ESA620 进入供电电压测试界面,显示"电源电压"测试菜单,如图 3-2-7 所示。

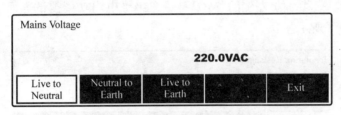

图 3-2-7　供电电压测试界面

界面中测试项目与下方的功能键相对应,压下相应的功能键,即点亮对应的项目。按各个功能键分别执行下列三项测量:火线对零线(Live to Neutral)、零线对接地(Neutral to Earth)、火线对接地(Live to Earth)的电压测量值。选择 Exit 即退出该测试界面。

各项电压的测试结果直接显示出来。

注意:在电源电压测试期间,ESA620 的供电插座的电源被切断,停止对被检设备供电。

2. 保护接地阻抗

在使用测试仪执行漏电流测试之前,最好先测量保护接地阻抗,目的是判断插座接地与被检设备的保护接地或外壳之间的接地连接是否完好。

检测步骤:

(1)确保被检设备的电源线插入测试仪的测试插座。

(2)选择 ESA620 面板左侧的"Ω"键进入电阻功能测试界面。

(3)将调零后的测试导线连接在 2-WIRE V/Ω/A 接口到被检设备的外壳

或保护接地连接。

(4)选择测试电流为 200mA。

(5)需采用 25A 测试电流执行测试时,按 F2 键选 25A。

(6)按"TEST"键将电流施加到被检设备,测试稳定(约 3s)后,显示出接地电阻值。

保护接地电阻允许范围:<200mΩ

3. 绝缘阻抗

绝缘阻抗测试有 5 种状态,分别指电源对地(Mains-PE)、应用部分对地(A. P. -PE)、电源对应用部分(Mains/A. P)、电源对非接地可接触导电点(Main-NE),以及应用部分对非接地可接触导电点(A. P. -NE)的测试。

选择 ESA620 面板左侧的"MΩ"键进入绝缘电阻功能测试界面,界面显示如图 3-2-8 所示。

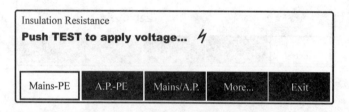

图 3-2-8　绝缘阻抗测试界面

绝缘阻抗测试分两级界面显示,5 项测试中的前三项显示在一级界面,位于功能键 F1 至 F3 之上。一级界面中选择 F4"More"键,访问其他两项测试或测试电压选择,选择 F5"Exit"键菜单退回至上层界面。

绝缘阻抗测试可用直流 500V 或 250V 进行。可从绝缘电阻测试菜单更改测试电压,按 F4"More"键,进入下级菜单,按功能键"ChangeVoltage"(更改电压)将使测试电压在直流 250V 和 500V 之间变换。

注意:退出并重新进入绝缘阻抗测试菜单,会使测试电压恢复为其默认值即直流 500V。

由于绝缘阻抗测试需加入 250V 或 500V 的测试电压,所以,测试时需手动启动"Test"测试。

检测步骤:

(1)按"MΩ"键,进入"绝缘阻抗测试"界面。

(2)按 F1 键选择电源对地的绝缘阻抗(Mains-PE)测试,按 Test 启动测试,测试完成后读取阻抗测量示值。

(3)按 F2 键选择应用部分对地的绝缘阻抗(A. P. -PE)测试,按 Test 启动测试,测试完成后读取阻抗测量示值。

(4)按 F4 键进入绝缘阻抗测试的第二级界面,按 F1 键选择电源对非接地可接触导电点(Main-NE)的绝缘阻抗测试。对于此项测试,再按 Test 启动测试之前,首先要确定被检设备哪些是非接地可接触导电点,测试方法如下:

a)用数字万用表的电阻测量功能,测量设备外壳螺钉、可触及金属端、调节钮等与电源接地线或保护接地端之间的连通性,凡是不导通的点即为非接地可接触导电点。

b)将测试线接在 2 线/4 线测试插口与非接地可接触导电点之间,按 Test 启动测试,测试完成后读取阻抗测量示值。

(5)按 F4 键选择应用部分对非接地可接触导电点(A. P. -NE)的绝缘阻抗测试,测试方法与上述相同,测试线接在任意应用部分和非接地可接触导电点之间,按 Test 启动测试,测试完成后读取阻抗测量示值。

注意:在执行绝缘阻抗测试时,被检设备的电源关闭。

4. 对地漏电流

选择 ESA620 面板左侧的"μA"键进入漏电流测试界面,界面显示如图 3 - 2 - 9 所示。

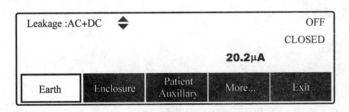

图 3 - 2 - 9 漏电流测试界面

一级界面中可选择的测试项目包括:对地漏电流、机壳漏电流、患者辅助漏电流;压下 F4 键,进入二级界面,选择患者漏电流。

按照 GB 9706.1 通用电气安全标准的要求,医用电气设备需要对正常供电状态和单一故障状态分别检测其漏电流,不同状态的漏电流安全限值有所不同。ESA620 电气安全测试仪对漏电流的检测,可通过供电插座接线方式按钮(本节图 3 - 2 - 1 所示),选择 POLARITY、NEUTRAL、EARTH 键来改变提供给被检仪器的电源状态,具体含义如下:

POLARITY:在电源正常与反相间切换;

NEUTRAL:在断开与闭合电源线间切换;

EARTH:在断开与闭合地线间切换。

三种切换按键的组合方式如表 3 - 2 - 1 所示。

表 3 - 2 - 1　正常及单一故障状态按键组合方式

检测状态	1	组合方式	2	组合方式
正常状态	正常状态	Normal Close Close	正常状态,电源反相	Reverse Close Close
单一故障状态	断开一根电源线	Normal Open Close	断开一根电源线, 电源反相	Reverse Open Close
	断开一根地线	Normal Close Open	断开一根地线, 电源反相	Reverse Close Open

检测步骤:

(1)漏电流检测一级界面中按 F1 键选择"EARTH"对地漏电流检测。

(2)按照表 3 - 2 - 1 改变供电方式,分别检测各种状态下的对地漏电流。

允许范围:正常状态,$<500\mu A$;单一故障状态,$<1000\mu A$。

5. 外壳漏电流

检测步骤:

(1)将测试导线连接在 ESA620 电气安全测试仪的 2-WIRE V/Ω/A 接口和被检设备的外壳之间。

(2)漏电流检测一级界面中按 F2 键选择"Enclosure"外壳漏电流检测。

(3)按照表 3 - 2 - 1 改变供电方式,分别检测各种状态下的外壳漏电流。

允许范围:正常状态,$<100\mu A$;单一故障状态,$<500\mu A$。

6. 患者漏电流

"患者漏电流测试"测量流经一个选定的应用部分、选定一组应用部分或所有应用部分与电源保护接地之间的电流。

检测步骤:

(1)将被检设备的应用部分如心电电极接到 ESA620 电气安全测试仪的心

电图/应用部分接线柱。

（2）按"μA"键进入漏电流测试界面，按 F4 键（More）进入二级菜单。

（3）按 F1 键"Select"键选择患者漏电流测试。

（4）按▲或▼选择应用部分分组中的一个。按▷或◁向前经过每个应用部分分组，或单个应用部分直到接地。

（5）按 F1 键"Select"选择。

注意：应用部分的测试类型分 B 型、BF 型、CF 型，如何对它们分组，请参阅测试标准。

（6）按照表 3－2－1 改变供电方式，分别检测各种状态下的患者漏电流。

B 型、BF 型允许范围：正常状态，<100μA；单一故障状态，<500μA。

CF 型允许范围：正常状态，<10μA；单一故障状态，<50μA。

7. 患者辅助漏电流

检测步骤：

（1）漏电流检测一级界面中按"F3"键选择"Patient Auxillary"患者辅助漏电流检测。显示界面如图 3－2－10 所示。

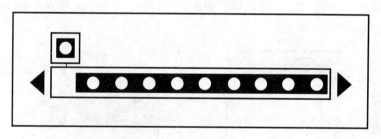

图 3－2－10　电极间组合方式

图中，应用部分接线柱 RA/R 显示在其他接线柱之上，表示漏电流测量是从 RA/R 到所有其他接线柱之间进行的。要移至下一个应用部分接线柱，按▷键，第一个接线柱将与其他接线柱显示成一条直线，而 LL/F 接线柱显示在所有其他接线柱之上，这表示漏电流测量是从 LL/F 到所有其他接线柱之间。继续按▷或◁从一个连接接线柱移至另一个接线柱。在每个接线柱单独隔离后，还可测量三个连在一起的不同组合接线柱之间的漏电流，如 RA/R 和 LL/F、RA/R 之间，LA/L 和 LL/F、LA/L 之间。

（2）分别测量各接线柱之间或相互组合之间的患者辅助漏电流。

（3）按照表3-2-1改变供电方式，与上述同样的方法，检测各种状态下的患者辅助漏电流测试值。

B型、BF型允许范围：正常状态，<100μA；单一故障状态，<500μA。

CF型允许范围：正常状态，<10μA；单一故障状态，<50μA。

第三节　ES601自动电气安全测试仪

ES601自动电气安全测试仪内置多个电气安全相关的标准，包括：IEC 60601-1、ANSI/AAMI、DIN VDE 0751、IEC 62353、IEC 61010、IEC 601-BAT、AAMI-BAT、VDE-BAT、IEC 353-BAT。可进行自动和手动测试。自动测试序列包括：24种电气安全自动序列、6种ECG测试序列、12种脉搏血氧仪测试序列、12种四通道注射泵测试序列、24种除颤自动测试序列和60种用户自定义测试序列。触摸屏操作，内置PC设备管理系统接口，可作为数据处理终端，与该公司的系列产品进行数据传输。配有打印机端口，可打印测试结果。

一、面板介绍

图3-3-1是ES601后面板和侧面板图，图3-3-2是ES601前面板和上面板图。

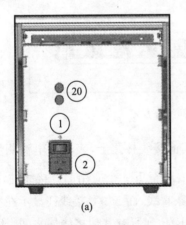
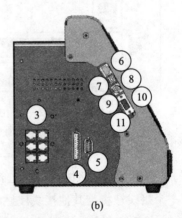

(a)　　　　　　　　(b)

图3-3-1　ES601后面板和侧面板图

1. 后面板

①电源开关。

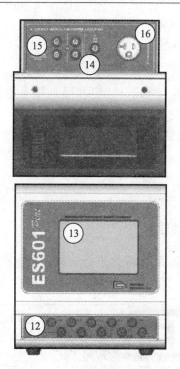

图 3-3-2　ES601 前面板和上面板图

⑲交流电源插座。

⑳保险管

2. 侧面板

③连接到外部测试设备的远程 RS-232 接口。

④外接打印机接口。

⑤RS-232 接口（连接到串口打印机或 PC 的 COM 口）。

⑥以太网接口。

⑦USB 接口。

⑧PS/2 接口，用于连接键盘或条形码扫描仪。

⑨对比度调节。

⑩RS-232 条形码扫描仪接口。

⑪硬件上传接口。

3. 前面板

⑫ ECG/应用部分接口。

⑬触摸屏。

4. 上面板

⑭三个香蕉头插座,连接如下:红色和黑色用于连接保护接地阻抗测量的 Kelvin 电缆、绿色用于直接连接到设备输出地。

⑮用于特殊漏电流测试的辅助端口 AUX1 和 AUX2。

⑯用于为被检设备供电的电源插座。

二、仪器设置

1. 界面菜单及对应功能

打开 ES601Plus 电源,系统首先进行自检,自检完成后,显示开机界面,如图 3-3-3 所示。开机界面将显示硬件版本和当前时间及日期。

图 3-3-3 ES601Plus 开机界面

开机界面各触摸屏按钮的意义为:

MANUAL MODE:手动模式,进入手动电气安全测试界面。

AUTO MODE:自动模式,进入自动电气安全测试或其他自动测试界面。

SYSTEM SETTINGS:系统设置,进入系统设置(如:时间和日期、用户设置、自动安全测试设置)界面,如图 3-3-4 所示。

REVIEW TESTS:回顾测试,进入测试记录界面,显示屏上将显示内存中存储的测量结果,可通过外接打印机打印或通过 RS232 接口将数据传输到计算机中。

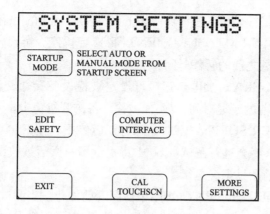

图 3 - 3 - 4　系统设置界面

系统设置界面按钮功能如下：

STARTUP MODE：选择 ES601Plus 开机后的启动模式，手动、自动或直接进入电压测量。

EDIT SAFETY：编辑电气安全自动测试序列菜单。

COMPUTER INTERFACE：上传测试数据至 ES601 Plus 界面，也可下载 ES601 Plus 测试数据传输到电脑程序中。

CAL TOUCHSCN：校准 ES601 Plus 的触摸屏程序。

注意：如果进入触摸屏校准程序，校准必须完成，否则可能导致显示屏不可用。

EXIT：退出到前一级菜单（自动或手动）。

MORE SETTINGS：进入系统设置第二级菜单（如图 3 - 3 - 5 所示）。

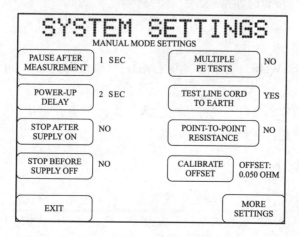

图 3 - 3 - 5　系统设置二级菜单

83

系统设置第二级菜单各按钮功能如下（仅适用于手动测试模式）：

PAUSE AFTER MEASUREMENT：测量后暂停。可设定每次测试之后到下一个序列测试之前的暂停时间。

POWE-UP DELAY：加电延迟。可设定被检设备接通交流电后到 ES601 Plus 开始测试之前的延迟时间，以确保被检设备的开机稳定。

STOP AFTER SUPPLY ON：电源打开后停止。在 ES601 Plus 对被检设备提供交流电后，不会进行测试，ES601 将提示用户激活被检设备，在用户点击 CONTINUE 之前测试不会运行。

STOP BEFORE SUPPLY OFF：电源断开前停止。当测试需要断开被检设备交流电源时，ES601 将提示用户关闭被检设备，直到用户点击 CONTINUE 键继续测量。

MULTIPLE PE TESTS：多项 PE 测试。可开启多项保护地或一般阻抗测量，最多有十种不同的阻抗测量。

TEST LINE CORD TO EARTH：电源线到地测试。可在保护地测试中，开启电源线阻抗测量。

POINT TO POINT RESISTANCE：点对点阻抗。可开启两点间的阻抗测量，一点为 Kelvin 电缆，另一点连接到被检设备。

校准偏置（CALIBRATE OFFSET）：进行点对点阻抗测试时，用于对测试线调零。

MORE SETTING：系统设置第三级菜单各按钮功能如下：

SET CLK：设置时间。

FORMAT：设置时间格式。

EDIT ID：按下此键后，可激活全触摸键盘，允许用户输入 ID 来识别 ES601 Plus，如图 3 - 3 - 6 所示。

EDIT PASSWORD：当按下此键后，通过全触摸键盘，用户可输入最长长度为 17 位的密码。

NETWORK SETUP：允许用户输入以太网设置。当按下"CHANGE"键后，将激活全键盘，如图 3 - 3 - 7 所示。

2. 自动测试序列

ES601 能够运行自动完全的电气安全测量。根据用户设置不同，自动测试中间可暂停，以便用户处理被检设备或改变连接。ES601 提供 24 种用户可编程的自动测试序列，序列可通过 ES601pc 软件中的安全自动序列模块进行编程也

ENTER ES601 PLUS I.D.:

MY ES601

| 1 | 2 | 3 | 4 | 5 | 6 | 7 | 8 | 9 | 0 |

| Q | W | E | R | T | Y | U | I | O | P |

| A | S | D | F | G | H | J | K | L | - |

| Z | X | C | V | B | N | M | , | . | / |

| ESC | <-- | SPACE | ENTER |

图 3 - 3 - 6　全触摸键盘

NETWORK SETUP

WARNING

INVALID SETTINGS MAY CAUSE UNPREDICTABLE
BEHAVIOUR OR DISRUPTION. CONSULT NETWORK
ADMINISTRATOR WHERE APPROPRIATE.

Enter all settings using decimal address delimiters.

MAC ADDRESS: 00:90:C2:C1:10:45

IP ADDRESS: 192.168.1.2 [CHANGE]

NETMASK: 255.255.255.0 [CHANGE]

DEFAULT GATEWAY: 192.168.1.1 [CHANGE]

[EXIT]

图 3 - 3 - 7　以太网设置界面

可以更改自动序列。

开机界面中选择"SYSTEM SETTINGS",然后选择"EDIT SAFETY",进入自动测试序列选择界面,如图 3 - 3 - 8 所示。

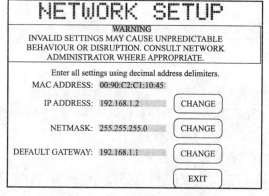

SAFETY AUTOSEQ

☐ #01
IEC601 GND RESISTNCE
AND ENCLOSURE LKG

☐ #02
IEC601 INSULATION,
GND RESIS & ENC LKG

☐ #03
IEC601 GND RESISTNCE
& 3 PATIENT LEADS

☐ #04
IEC601 INS + GND RES
& 3 PATIENT LEADS

☐ #05
IEC601 GND RESISTNCE
& 5 PATIENT LEADS

☐ #06
IEC601 INS + GND RES
& 5 PATIENT LEADS

SCREEN 1 OF 4

[ESCAPE] [PREVIOUS] [NEXT]

图 3 - 3 - 8　自动测试序列选择编辑界面

在此界面,使用"PREVIOUS"和"NEXT"键更换不同的页,按下标题左边的按键选择要编辑的序列,进入该序列对应的下一级界面,如选择♯05序列,界面如图3-3-9所示。

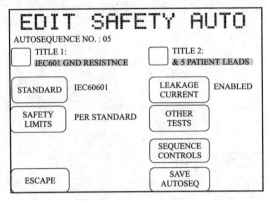

图3-3-9　自动测试序列编辑界面

在此界面中,各按键的功能如下。

TITLE 1/TITLE 2:更改自动序列标题的第一/二行的内容。按下此键后,将激活全键盘,输入自动序列标题号。

STANDARD:选择所依据的测试标准。

SAFETY LIMITS:安全限值,可选择预设值或用户自定义值。

LEAKAGE CURRENT:按下此键后进入自动序列漏电流设置界面,选择的测量标准不同,此界面也会有差别。如图3-3-10所示。

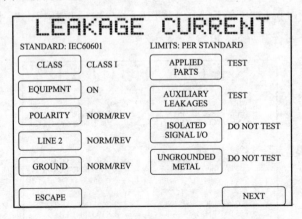

图3-3-10　自动测试序列漏电流界面

OTHER TESTS:按下此键后进入其他测试界面,如图3-3-11所示。包括开启/关闭电源电压、负载电流、电源到地绝缘阻抗(LINE-GND)、应用部分到地绝缘阻抗(AP-GND)、保护地测量。界面具体内容根据所选的标准会有所不同。如果标准只针对电池供电设备,在此界面将只有应用部分到地的绝缘阻抗测量。

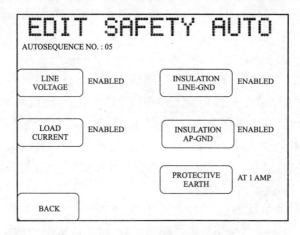

图 3 - 3 - 11　其他测试设定界面

如图 3 - 3 - 10 所示的自动测试序列漏电流界面各按键的功能如下。

CLASS:选择被检设备的类型,Ⅰ类或Ⅱ类。

EQUIPMNT:如果设为"ON",将只测量被检设备在电源开关为"ON"状态下的漏电流;如果设为"ON/OFF",将先完整地测量被检设备在"ON"状态下的漏电流,再测被检设备在"OFF"状态下的漏电流。"DUT OFF"漏电流测试是IEC 60601 和 AAMI-ES1 强制性的要求,此标准适用于在开关设为"OFF"后断开了交流电源,但依然有备用电源如内部电池的设备。在此状态下,被检设备的漏电流很可能要高于开关设为"ON"时的漏电流。

POLARITY:极性,如果设为"NORMAL",将只测量交流电源在正常极性下的漏电流;如果设为"NORM/REV",将测量电源在正常极性和反相状态下的漏电流;所有电气安全标准都要求设为"NORM/REV"。

LINE 2:如果设为"NORMAL",将只测量交流电源的相线 L2(中性)在正常状态下的漏电流;如果设为"NORM/REV"将分别测量 L2 在正常状态和单一故障状态(断开)下的漏电流。绝大多数的标准要求设为"NORM/REV"。

GROUND:接地如果设为"NORMAL"将只测量交流电源的地线在正常状态下的漏电流;如果设为"NORM/REV",将分别测量地线在正常状态和单一故障状态(断开)下的漏电流。绝大多数的标准要求设为"NORM/REV"。

APPLIED PARTS:如设为"TEST",将开启患者漏电流测试;如果设为

"DO NOT TEST",将关闭患者漏电流测试。所有标准都要求对带有应用部分的被检设备进行此项测试,例如:心电导联、血压传感器、温度探头、血氧探头等。

AUXILIARY LEAKAGE:如果设为"TEST"将测量患者辅助漏电流(应用部分之间);如设为"DO NOT TEST",将关闭此测试。如果要测量患者辅助漏电流,上面提到的"APPLIED PARTS"应设为"TEST",IEC 60601 和 AAMI-ES1 标准都要求此项测试。

ISOLATED SIGNAL I/O:该选项默认为"DO NOT TEST"。开启此项测量时,ES601 在 AUX1 端将输出交流电源 110% 的电压,电流限制为几个毫安,AUX1 连接到被检设备的绝缘输入或输出信号,例如以太网连接器。IEC 60601 和 AAMI-ES1 标准对有绝缘数据连接(如:以太网端口)的被检试备要求进行此项测试。在此项测试中,主电源将应用于数据传输接口,测量被检设备的外壳和应用部分到保护地之间的漏电流。

注意:如果 ISOLATED SIGNAL I/O 设为"TEST",将显示警告信息:"CHECK D. U. T. SPECS",当开启此功能时,将确认数据传输接口完全绝缘,否则可能损坏被检设备。

UNGROUNDED METAL:默认设置为"DO NOT TEST",此参数将确定 ES601 的 AUX2 输出是否连接到交流电源的保护地。IEC 60601 标准对有电学绝缘或浮地设置而操作者接触不到的金属部分的被检设备有此项测试要求。

ESCAPE:退出漏电流测量。

NEXT:接受当前设置,进入漏电流测量下级界面。如果应用部分漏电流开启,下级界面为应用部分编辑界面(如图 3-3-12 所示)。反之,则返回到自动序列编辑界面。

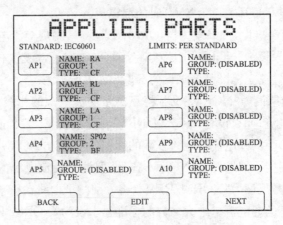

图 3-3-12　漏电流检测应用部分编辑界面

AP1 至 AP10:选择后将激活全触摸键盘,可输入应用部分的名称(如:心电导联 ECG lead、传感器 sensor 等)。

EDIT:进入"GROUPS"编辑菜单,如图 3-3-13 所示。

BACK:返回漏电流测试界面。

NEXT:进入下一步测量。

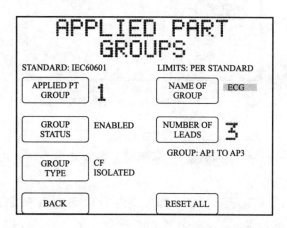

图 3-3-13　漏电流检测应用部分 Groups 编辑界面

该界面各按键功能如下。

APPLIED PT GROUP:输入应用部分组数,1,2,3,4 或 5。

GROUP STATUS:选择"ENABLED"或"DISABLED",选择"DIS-ABLED",将不测量患者漏电流和患者辅助漏电流,Group 1 不能设为"DIS-ABLED"。

GROUP TYPE:选择类型"B NON-ISOLATED","BF ISOLATED"或"CF ISOLATED",此项设置将影响漏电流的限值。

NAME OF GROUP:按下此键将触发全触摸键盘,可输入组的名称。

NUMBER OF LEADS:设置导联的数目。

BACK:返回应用部分菜单。

RESET ALL:重置。

完成漏电流设置后,将显示手动漏电流测试的顺序控制界面,如图3-3-14 所示。

各按键功能如下。

PAUSE AFTER MEASUREMENT:每次测量之后,ES601 将暂停测试序列,等待设定的延迟时间,便于重复测量。

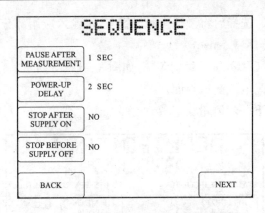

图 3-3-14　手动漏电流测试序列控制界面

POWER UP DELAY：测试过程中，当交流电源应用到被检设备时，ES601将等待指定时间再进行序列测试，此延迟可使被检设备在下一项漏电流测试之前开机和稳定。

STOP AFTER SUPPLY ON：如果设为"YES"，将覆盖"POWER UP DELAY"的延迟时间设置。在 ES601 给被检设备供电之后，测试完全停止。待被检设备开机后，按下 CONTINUE 键才可继续测试。此选项适用于只能用交流电源供电的条件下开机的被检设备。

STOP BEFORE SUPPLY OFF：如果设为"YES"，在 ES601 对被检设备供电前，测试将完全停止，等待用户关闭被检设备。当按下 CONTINUE 键后，ES601 将断开电源，此项适用于对电源敏感的设备。

BACK：返回前一个菜单。

NEXT：提示将被检设备连接到 ES601，取决于选择的安全标准，如图3-3-15所示。

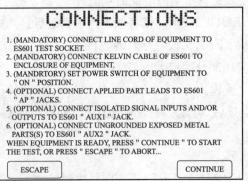

图 3-3-15　IEC 60601 测试标准的被检设备连接说明

以下以 IEC 60601 标准为例说明。

按照界面提示，IEC 60601 要求：连接被检设备到测试插座，Kelvin 电缆连接到被检设备，被检设备的电源开关在测试之前要设为"ON"，连接应用部分到"AP"接口，连接隔离输入/输出信号到"AUX1"，连接未接地的暴露金属端到"AUX2"。

注意：当测量 BF 和 CF 型设备的应用部分时，将在应用部分插头上加高电压。

当设置和连接完成后，按下"CONTINUE"开始测试，交流和直流漏电流同时测量。显示屏上的数据约每秒钟更新两次。如果"PAUSE AFTER MEASUREMENT"设为"NO"，ES601 将在下一个漏电流测试前有（1～5）s 的延迟。测试结果的表达如图 3-3-16 所示。

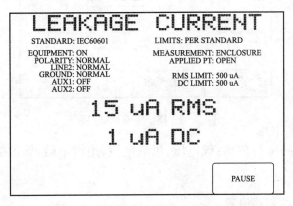

图 3-3-16　漏电流测试过程显示界面

每一项的 RMS 和 DC 值将分别与其限值对比，并且自动判断"PASSED"或"FAILED"，自动序列测试过程中随时都可以按下"PAUSE"暂停测量，最近的测量数据将显示在屏幕上，如图 3-3-17 所示。压下"CONTINUE"继续进行下一项测量。

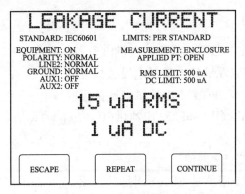

图 3-3-17　漏电流测量界面

如果测量的结果超出限值,测试序列将自动停止,ES601会发出报警。

三、手动测试

ES601开机界面,选择手动测试模式(manual mode),界面显示如图3-3-18所示。

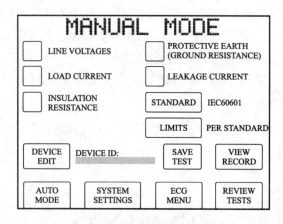

图3-3-18 手动测试界面

手动测试的项目包括:线电压、负载电流、绝缘电阻、保护接地电阻、漏电流等。

1. 手动测试界面设置

(1)在手动模式菜单下按"STANDARD"键选择测试依据的标准。仪器默认为IEC 60601。其他可选择的标准包括:

1)AAMI-ES1;

2)VDE 0751;

3)IEC 62353;

4)IEC 601-BAT(IEC 60601电池供电设备标准);

5)AAMI-BAT(AAMI电池供电设备标准);

6)VDE-BAT(VDE 0751电池供电设备标准);

7)IEC 353-BAT(IEC 62353电池供电设备标准);

8)IEC 61010。

(2)用户自定义安全限值

用户自定义安全限值是ES601附加的选项,它允许用户更改限值。

每一个安全标准都有一个用户自定义限值表,保存在存储器中。漏电流和其他限值需通过可选附件 ES601pc 软件进行编辑。

(3)设备信息编辑

在手动模式下点击"DEVICE EDIT"键将进入 ES601 Clip Record 中的被测设备信息界面。设备信息编辑界面如图 3-3-19 所示。

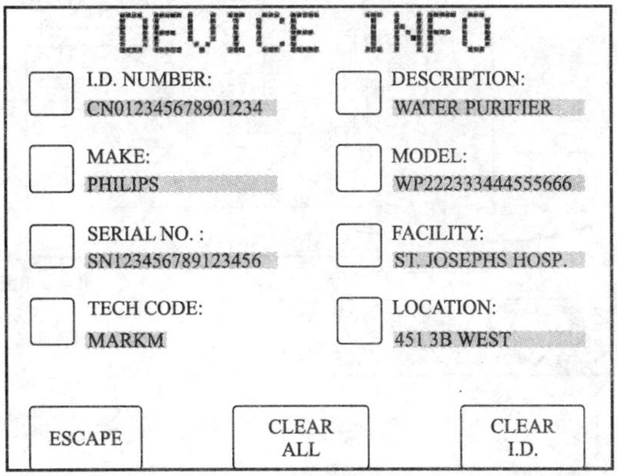

```
 DEVICE INFO
□ I.D. NUMBER:              □ DESCRIPTION:
   CN012345678901234           WATER PURIFIER

□ MAKE:                     □ MODEL:
   PHILIPS                     WP222333444555666

□ SERIAL NO. :              □ FACILITY:
   SN123456789123456           ST. JOSEPHS HOSP.

□ TECH CODE:                □ LOCATION:
   MARKM                       451 3B WEST

  ESCAPE        CLEAR           CLEAR
                ALL             I.D.
```

图 3-3-19 设备信息编辑界面

"DEVICE INFO"菜单允许用户输入设备信息,例如:ID 码、厂家、型号、序列号等。在手动测试过程中,设备信息可随时更新,直到测量结束,结果保存为测试记录。

(4)数据存储和传输(Clip Record)

ES601 Plus 测量结果存储在临时存储器"Clip Record"中。当测试完成后保存结果,Clip Record 中的数据即形成"Test Record"进行存储。如果在保存结果之前突然断电,测试数据将丢失,而形成的"Test Record"在断电后仍可以保留。

当手动模式时,点击"VIEW RECORD"键,可调出"Clip Record"中存储的数据。当重复测试时,将覆盖前一次的结果。

2. 手动测试连接方法

(1)交流供电设备手动测试连接方法,如图 3-3-20 所示。

1)当连接或断开被检设备或其他仪器到 ES601 时,所有仪器的电源开关都应为关断状态。

2)将被检设备的电源线连接到 ES601 供电电源插座。

3)连接 Kelvin 电缆到被检设备外壳接地端。

4)AUX1 连接到被检设备数据传输接口,如以太网接口。

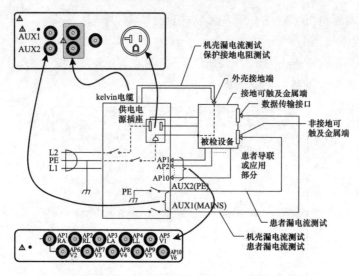

图 3-3-20　交流供电设备手动测试连接示意图

5)AUX2 连接到被检设备的非接地可触及金属端。

注意:AUX1 和 AUX2 的连接方式取决于被检设备的特性和选用的测试标准。

6)被检设备的患者导联(或应用部分)连接到 ES601 的 AP1～AP10 接口。

(2)直流供电设备手动测试连接方法,如图 3-3-21 所示。

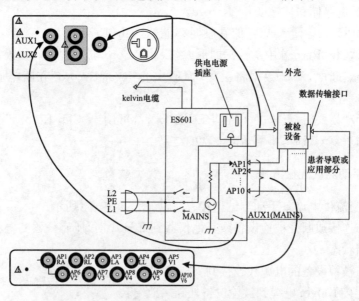

图 3-3-21　直流供电设备手动测试连接示意图

1)当连接或断开被检设备或其他仪器到 ES601 时,所有仪器的电源开关都应为关。

2)将 ES601 的"TO DUT CASE"插口连接到被检设备的外壳,或者是铝箔(当外壳是塑料材料时,用铝箔包裹被测设备)。

3)根据需要连接 AUX1 到被检设备的数据传输接口。

注意:在测试电池供电设备时,不使用 ES601 的供电电源插座和 Kelvin 电缆。

3. 测试项目和测试方法

(1)线电压测试

手动模式下按"LINE VOLTAGES"键启动电源电压测试,可检测的电源电压包括:L1-L2、L1-GND 和 L2-GND。测量过程中,随时都可以按"ESCAPE"键中止测量回到手动模式菜单。测试完成后测量结果将显示在屏幕上,如图3-3-22所示。

如果 ES601 检测到电源反相($V_{L2-GND} > V_{L1-GND}$),ES601 将报警。

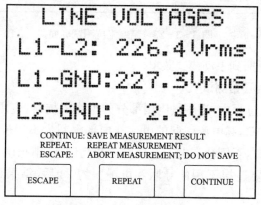

图 3-3-22　线电压测试

三项电压值测量完成后,以下选项将激活:

ESCAPE:返回到手动模式菜单,将不保存测量结果。

REPEAT:重复电源电压测量。

CONTINUE:保存测量结果到"Clip Record",先前的结果将清除,并返回到手动模式菜单。

(2)绝缘电阻测试

被检设备电源线接到 ES601 供电电源插座上,被检设备的电源开关设为"ON"或接通状态,实际测试期间,ES601 供电电源插座将不提供交流电源,ES601 将在被检设备的 L1、L2 和地之间或者应用部分到地之间加载一短时的高电压(直流 500V)，ES601 将测试电流并计算出绝缘阻抗。

在手动模式菜单下按下绝缘阻抗按钮，显示界面如图 3-3-23 所示。L1 和 L2 到地之间或是应用部分到地之间的绝缘阻抗，分别表示为：BETWEEN GROUND AND L1/L2 SHORTED TOGETHER"和"BETWEEN GROUND AND ALL APPLIED PARTS"。

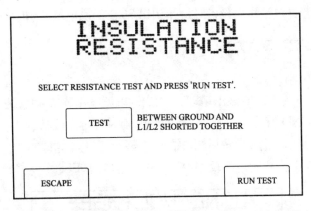

图 3-3-23　绝缘阻抗测试界面

ESCAPE：返回到手动模式菜单。

RUN TEST：开始测试。

注意：在测试过程中，当测量应用部分的绝缘阻抗时，应用部分插口上将有高电压(直流 500V)，高电压引起的电流在内部限制为不超过 2mA。此时不要接触应用部分插口，否则会有电击的危险。在测试前，请正确连接被检设备，应用部分插口上不要连接不用的导联和电缆。约 2s 后，结果显示在屏幕上，如图 3-3-24所示。

图 3-3-24　绝缘阻抗测试结果显示界面

（3）保护接地电阻测试

在此测试中，ES601 将提供 1A 测试电流，测量电源线的接地脚到被测设备的接地柱或其他可触及金属部分之间的保护接地电阻。当 ES601 安装了保护接地模块 PETM（可选附件）时，可选择交流 25A 测试电流（GB 9706.1 所要求）。当使用 PETM 时，每 10s 周期测量 10 次，测量结果选最大值。

在手动测试菜单下按"PROTECTIVE EARTH"键，将测量被检设备接地回路的电阻。当选择此测试后，ES601 将激活系统设置中手动保护地（PE）测试，显示如图 3-3-25 所示。

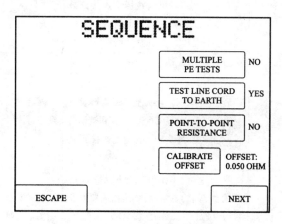

图 3-3-25 手动保护接地测试

界面中各选择键的含义在前述内容中已有说明，下面将其组合方式以表格的形式给出，见表 3-3-1。

界面中的"CALIBRATE OFFSET"功能键，用于点对点阻抗测试。实际阻抗测试值减去"OFFSET"显示值最终获得 ES601 显示的测量结果。"CALIBRATE OFFSET"可根据需要进行，但更换测试线后必须进行校准。

校准步骤如下：

1）连接 Kelvin 电缆到 ES601 相应的插口。

2）将用于点对点测试的测试线连接头接到 ES601 的"TO DUT CASE"插口。

3）将 Kelvin 电缆和测试线的另一端连接在一起。

4）按下"CALIBRATE OFFSET"键，进行校准测量，测量结果以"OFFSET"的值显示。

表 3 - 3 - 1 保护接地电阻设置模式及其应用

1*	2*	3*	测试程序	测试应用
NO	YES	NO	测量 Kelvin 电缆和 ES601 的测试插座间的电阻 1 次。	通过电源软电线连接交流电源的设备保护接地测试
NO	NO	YES	测量 Kelvin 电缆和"DUT CASE"引线间的电阻 1 次。Kelvin 电缆连接到被检设备的等效 PE。"DUT CASE"连接到被检设备	直接连接到交流电源的固定安装设备。如:X 光机
YES	YES	NO	测量 Kelvin 电缆和 ES601 的测试插座间的电阻 10 次。第一次 Kelvin 电缆按标准连接到被检设备的接地端子,后续测量 Kelvin 电缆可连接到其他可能的接地端	电源软电线连接设备的多次保护接地测量。如:监护仪
YES	NO	YES	测量 Kelvin 电缆和"DUT CASE"引线间的电阻 10 次。第一次 Kelvin 电缆连接到被检设备的等效 PE,"DUT CASE"连接到被检设备。后续测量 Kelvin 电缆可连接到其他可能的接地端	固定安装设备的保护接地连续测量。如:X 光机
YES	YES	YES	第一次测量 Kelvin 电缆和 ES601 的测试插座间的电阻,后续测量需要断开被检设备的电源线,连接"DUT CASE"到被检设备	固定安装设备的保护接地连续测量。如:医用床

*1 指 MULTIPLE PE TESTS;2 指 TEST LINE CORD 至 EARTH;3 指 POINT 至 POINT RESIST-ANCE。

保护接地电阻测试的限值取决于所选择的安全标准和限值类型(默认或用户自定义),当测量结果超过安全限值时,屏幕将显示"FAIL",且 ES601 将报警。

如果"MULTIPLE PE TEST"设为"NO",一次测量完成后,显示界面如图 3 - 3 - 26 所示。

如果"MULTIPLE PE TEST"设为"YES",一次测量完成后,显示界面如图 3 - 3 - 27 所示。

界面中的"NEXT RESISTANCE",其功能为:显示的测量结果将保留,进入下一个阻抗的测量。测量结果计数器将以 1 为单位增加,最多记录 10 个测量结果。在按下此键前,用户可将 Kelvin 电缆或"DUT CASE"连接到其他连接器。

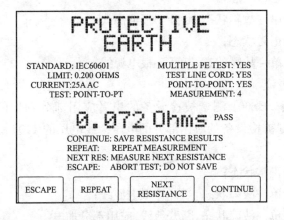

图 3-3-26 保护接地电阻测试结果("MULTIPLE PE"="NO")

图 3-3-27 保护接地电阻测试结果("MULTIPLE PE"="YES")

注意:在使用 25A 测试电流时,请仔细确认保护地的连接。

(4)漏电流测试

不同的安全标准要求的漏电流测量类型不同,ES601 针对 IEC 60601 和 AAMI-ES1 的要求集中对医用电气设备进行漏电流测量,VDE0751 和 IEC 62353 中的补充漏电流测量在 ES601 中为可选内容。ES601 同样可满足 IEC 61010 对实验室设备的要求。对于 IEC 60601 和 AAMI-ES1 安全标准,典型的漏电流测量包括:接触漏电流、对地漏电流、患者漏电流、患者辅助漏电流。

手动模式下选择漏电流测试进入漏电流测试设置参数界面,参见本节前述图 3-3-10 所示。下面简单介绍不同漏电流测量的设置方法。

1)机壳漏电流

在此测试中,ES601 测量被检设备外壳的可触及金属部分到交流电源的真

实接地端的漏电流,电源的状态设置如下:

正常极性:正常状态;

单一故障状态,断开一根电源线;

单一故障状态,断开地线。

电源反相:正常状态;

单一故障状态,断开一根电源线;

单一故障状态,断开地线。

2)对地漏电流

在此测试中,ES601 测量被检设备的保护地到地之间的漏电流,电源状态设置如下:

正常极性:正常状态;

单一故障状态,断开一根电源线。

电源反相:正常状态;

单一故障状态,断开一根电源线。

3)患者漏电流

在此测试中,ES601 测量被检设备的患者应用部分到地的漏电流。对于 IEC 60601,加到被检设备的应用部分的电压为线电压的 110%。电源状态设置如下。

正常极性:正常状态;

单一故障状态,断开一根电源线;

单一故障状态,断开地线、应用部分加电。

电源反相:正常状态;

单一故障状态,断开一根电源线;

单一故障状态,断开地线、应用部分加电。

4)患者辅助漏电流

在此项中,将测量导联到导联(应用部分-应用部分)之间的漏电流,电源状态设置如下。

正常极性:正常状态;

单一故障状态,断开一根电源线;

单一故障状态,断开地线。

电源反相:正常状态;

单一故障状态,断开一根电源线;

单一故障状态,断开地线。

4. 查看测试数据和输出报告

手动模式菜单下，按"VIEW RECORD"键，打开"Clip Record"中的测试数据。测试记录将以多页报告的形式显示在显示屏上。如果按下"VIEW RE-CORD"键没有获得数据或"Clip Record"中的数据已被清除，屏幕将显示"THERE IS NO MEASUREMENT DATA TO VIEW"，之后自动返回到手动模式菜单。当显示测试记录后，第一页包括电源电压、负载电流和绝缘电阻的测量结果；第二页将显示保护接地电阻的测量结果，如图 3-3-28 所示。对于多项 PE 测试，将显示最多 10 种测量结果；对于单一的保护接地测试，将只显示一个测量结果。如果没有进行点对点测量，"OFFSET"将显示"一.———".

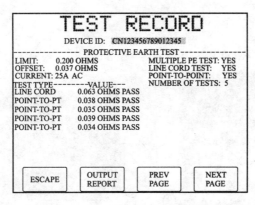

图 3-3-28　手动测试记录显示界面

在测试记录界面下按"OUTPUT REPORT"，显示结果可通过打印端口或 RS-232 接口输出。如图 3-3-29 所示。

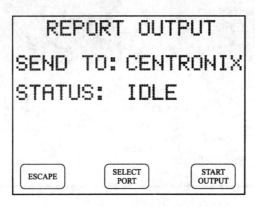

图 3-3-29　报告输出界面

第四节　Rigel 288 型电气安全测试仪

Rigel 288 是一款具有自动/手动测量功能,并具有数据记录和设备管理的手持式电气安全测试仪。仪器小巧便捷,适合在现场开展的检测任务。支持无线通讯技术,可将测量结果无线传输至安装有专用软件的计算机。

Rigel 288 可依据 IEC/EN60601-1, AAMI, NFPA, IEC 62353(VDE 0751-1)等标准进行电气安全测试。

支持自动测试序列检测和手动测试模式。最多可检测 10 组不同模块或类型的应用部分,如 BF、CF 型或 ECG、SpO₂ 模块。

一、仪器面板功能简介

图 3-4-1 是 Rigel 288 电气安全测试仪面板。图中各部分功能分别为:

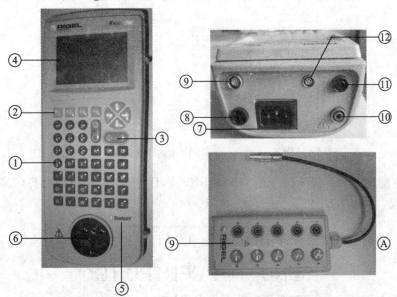

图 3-4-1　Rigel 288 电气安全测试仪面板

①全键盘及上下左右方向键;

②显示屏下方的四个功能键;

③开机键(绿色)和关机键(红色);

④支持图形显示的带背光功能的 LCD 显示屏;

⑤蓝牙输入输出;

⑥被检设备电源插座；

⑦IEC 电源线测试专用插座；

⑧可拆卸的电源线插头；

⑨病人应用部分检测连接器；

⑩4mm 对地测试电缆（Green）；

⑪ 4mm 辅助接地插座；

⑫ RS232 连接口。

二、图标介绍

Rigel 288 的图形化操作界面直观，便于使用。表 3 - 4 - 1 是各图标的含义。

表 3 - 4 - 1 **Rigel 288 的界面图标及含义**

图标	含义	图标	含义
✕	退出	🖨	打印
✚	添加	▬	除去
🚶❤	病人应用部分	↻	重复
🗐	复制	💾	保存
🗑	删除	🔍	搜索
✏	编辑	⚙	设置
?	帮助	⚬╱⚬	单一故障
☰	菜单-列表	⬆	转换
⌂	主菜单	🔇	静音
💡	新建	🔊	声音
✓	确认通过		

三、登录

Rigel 288 开机后,输入特定的用户名进入,288 将会读取用户的设置,方便用户跟踪测量记录,为了增加安全性,也可设定密码。Rigel 288 默认无密码,一旦设置密码后,必须同时输入用户名和密码才可进入。如图 3-4-2 所示。

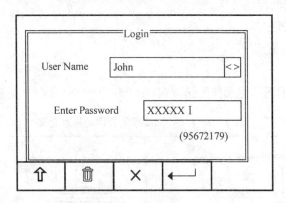

图 3-4-2 开机设定

四、仪器设置及测试方法

1. 自定义测试序列

Rigel 288 提供自定义测试项目的功能。所有测试项目都可以通过"SETUP"菜单进行设置。设置方法如下:

从主界面按下➤目(F4)选择 SETUP,如图 3-4-3 所示。

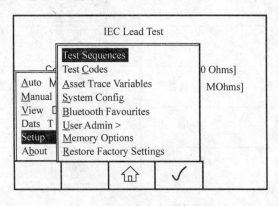

图 3-4-3 自定义设定界面

可设定的项目如表 3-4-2 所示。

表 3-4-2　自定义设定项目表

Test Sequences	编辑创建测试序列
Test Codes	生成一个 4 位的测试代码
Asset Trace Variables	生成默认的变量列表
Systems Config	配置默认的系统选项
Blue Tooth Favorites	设置蓝牙设备
User admin	设置用户自定义参数
Memory Options	管理测试结果
Restore Factory Settings	恢复出厂设置

设置方法如下：

(1)编辑创建测试序列

Rigel 288 可根据选择的测试标准设定测试序列,也可以修改已有的测试序列。

总测试序列共有 50 条,其中 12 条是默认序列。每个测试序列中都可以自定义患者应用部分的测试,还可通过输入 4 位测试代码的快捷方式直接进入到测量菜单。

1)用户自定义测试

Rigel 288 允许添加以下自定义测试项目,可以将被检设备的其他检测项目都列入仪器内。如 SpO_2、ECG、NIBP、除颤仪、输液泵、呼吸机测试等。

2)查看、删除或复制现有的测试程序

预置的测试程序是不允许更改和删除的,但可将预置的测试程序复制后进行更改或删除。方法如下：

点击图,选择 SETUP,再选择 Test Sequences,将显示预置和自定义的测试序列,如图 3-4-4 所示。

通过 View(F4)查看测试序列。如果需要复制、删除或打印某项测试序列,通过上、下键选择到相应位置后按下图(F2)键,如图 3-4-5 所示。

通过上下键移动到相应的选项后,按下√(F4)键执行复制;按下 F3 键取消,返回上一界面。复制的测试序列将会有"＊"标识。

按下打印测试序列"Print Sequence",可通过蓝牙打印机打印。删除序列"Delete Sequence"将会删除当前序列。

注意:预置的测试序列不能删除。

— 105 —

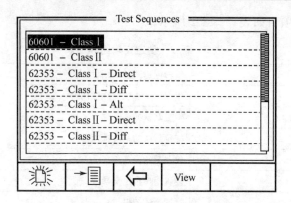

图 3 - 4 - 4　测试序列界面

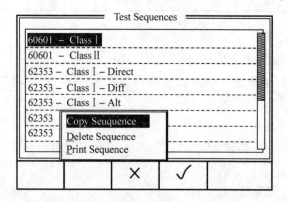

图 3 - 4 - 5　复制、删除或打印测试序列

3)编辑测试序列

用方向键,将光标移动到复制的测试序列,按键✐(F4),如图 3 - 4 - 6 所示。

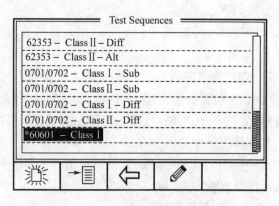

图 3 - 4 - 6　选择复制后的测试序列

进入下级菜单,如图 3-4-7 所示。

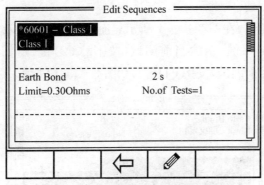

图 3-4-7　编辑复制后的测试序列

要更改名称和类型,按下 ✐(F4)键,输入相应的名称和分类,如图 3-4-8 所示。

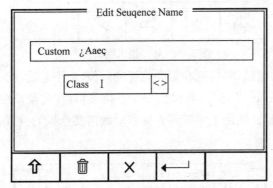

图 3-4-8　更改测试序列名称

要更改输入区域按⬆(F1)键;要删除一个字符,按🗑(F2)键;返回,不保存按 ✕(F3)键;确认输入,按↵(F4)键。如图 3-4-9 所示。

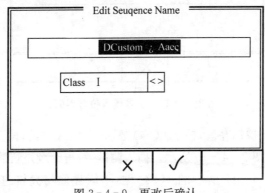

图 3-4-9　更改后确认

确认更改按√(F4)键,取消按×(F3)键。

4)插入单个测试

要插入新的测试,在图3-4-7所示界面中通过方向键移动到相应的位置后,按下 F1"Insert "键;删除当前测试,按下🗑(F2)键;返回上一个界面,按←⏎(F3)键;编辑当前测试,按✎(F4)键。如图3-4-10所示。

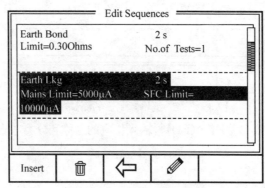

图3-4-10　插入测试序列

注意:插入的测试,将排列在加亮位置的前面,而不是后面。

当按下 F1"Insert "键后,将弹出一个下拉菜单,在此菜单中,可选择所有的电气安全测试项目。使用上下键将光标移动到需要选择的位置。如图3-4-11所示。

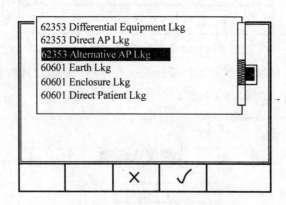

图3-4-11　选择插入位置界面

当需要的测试被加亮后,按下√(F4)键,确认插入测试;按下×(F3)取消,返回到上一界面,如图3-4-10所示。插入测试后,可继续进行测试编辑。

按下如图3-4-10所示的✎(F4)键,下级界面将允许进行参数设置,包括:测试时间、电源限值、单一故障限值、相线断开、地线断开、电源反相等。

如图3-4-12所示。

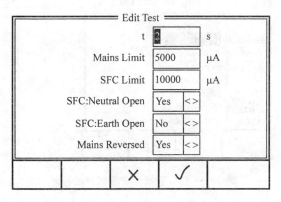

图3-4-12 参数设定界面

通过上下键移动到相应位置后,使用键盘或左右键进行更改。如果要删除输入的数据,按下🗑键,如图3-4-13所示。

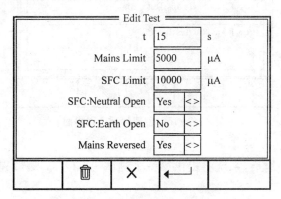

图3-4-13 参数设定方法

当设置完成后,按√(F4)键保存设置,或按×(F3)键取消设置。

(2)生成一个4位的测试代码

测试代码用于建立4位的快捷码,能够在自动测式中组成用户和预置测试、应用部分配置和测试设置。

1)创建新的测试码

在主界面按下▸▤(F4)键,选择Setup,再选择Test Codes,如图3-4-14所示。

按下√(F4)键选择测试式码,按下🏠(F3)键返回到主界面。

按下F4键,显示界面如图3-4-15所示。

按下🌡(F1)键创建新的测试代码,🗑(F2)键删除,🏠(F3)键返回主界面,✐

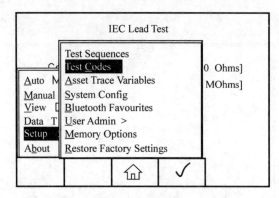

图 3-4-14　选择创建测试代码界面

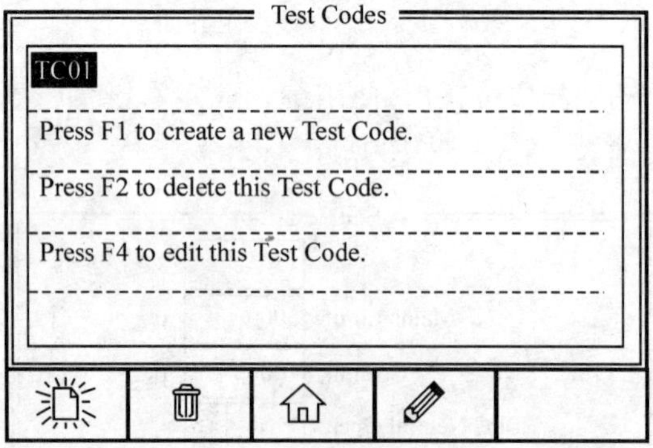

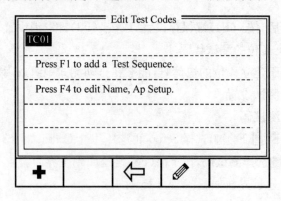

图 3-4-15　创建测试代码界面

(F4)键编辑。

　　按下 （F1）键后，系统将提供第一个测试码 TC01。测试码必须为 4 位的字符和数字。

　　按下 （F4）键编辑测试代码，进入图 3-4-16 所示界面。

图 3-4-16　编辑测试代码

按下✐(F4)键输入一个 4 位的代码或配置应用部分设置和半自动或自动测试模式。如图 3 - 4 - 17 所示。

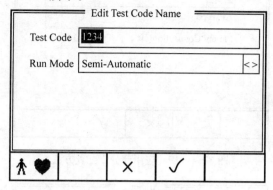

图 3 - 4 - 17   编辑测试代码名称

2)配置应用部分模块

按图 3 - 4 - 17 图示✚ ♥中的(F1)键,显示图 3 - 4 - 18 所示界面。

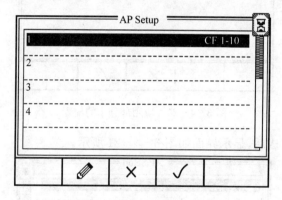

图 3 - 4 - 18   应用部分设置

界面中的 1…10 数字号码为可配置的应用部分的数量,下面举例说明设定方法:将应用部分 1 设为 5 个 CF 型 ECG 导联、应用部分 2 设为除颤 BF 型 2 个、应用部分 3 设为 CF 型 4 个。

图 3 - 4 - 18 所示界面中加亮应用部分 1 后,按下✐(F2)键,显示如图 3 - 4 - 19所示界面。

在第一行中输入相应的名称后,使用上下键更改需要输入的区域,使用左右键更改应用部分类型(BF 或 CF)和连接的数量。如图 3 - 4 - 20 所示。

确认设置按下√(F4)键,按下×(F3)键取消。

图 3 - 4 - 18 所示界面中加亮应用部分 2、3,按下✐(F2)键,按照以上步骤更

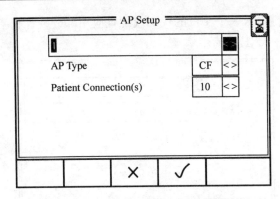

图 3 - 4 - 19　应用部分 1 配置方法

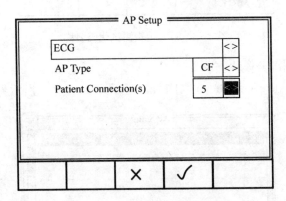

图 3 - 4 - 20　应用部分 1 的配置

改设置。设置完成后,显示界面如图 3 - 4 - 21 所示。

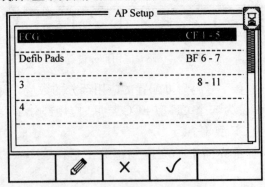

图 3 - 4 - 21　设置完成界面

　　删除应用部分,在图 3 - 4 - 21 中使用上、下键移动到指定位置后,按下 ✐
(F2)键。删除应用部分时,有两种方式:删除应用部分类型,保留应用部分连接数量;将应用部分类型设为空,患者连接数设为 0,即完全删除应用部分。如图 3-4-22应用部分 3 所示。

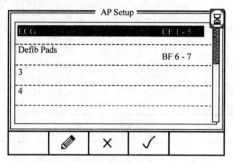

图 3-4-22　删除应用部分

确认按√(F4)键,退出按× (F3)键。确认后返回图 3-4-17 所示的编辑测试代码名称界面。取消时,将返回开始的测试码界面,并恢复默认设置,所有设置的信息将丢失。

在图 3-4-17 所示的编辑测试代码名称界面中,确认并保存设置按√(F4)键,测试码 1234 被保存下来,如图 3-4-23 所示。

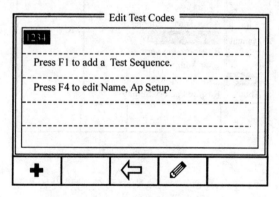

图 3-4-23　应用部分设置完成界面

要建立其他的测试码,按下➕(F1)键,根据上述说明进行设置。当所有的设置完成后,按下⬅(F3)键保存。

(3)设备信息

允许用户在测试结果中加入其他有价值的信息,以便于管理。

在图 3-4-3 所示自定义设定界面中选择 Asset Trace Variables,确认后进入图 3-4-24 所示界面,可设定的信息包括设备型号、序列号、生产厂家、产地等信息。

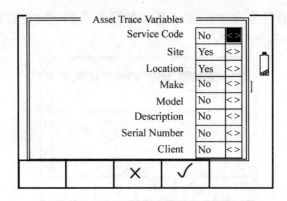

图 3 - 4 - 24　设备信息输入界面

（4）系统配置

在图 3 - 4 - 3 所示自定义设定界面中选择"Systems Config"，如图 3 - 4 - 25 所示。

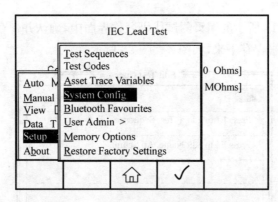

图 3 - 4 - 25　系统配置设置选择界面

确认按√(F4)键，进入图 3 - 4 - 26 所示系统配置设置界面。

1)更改 ID(Asset ID)

更改设备 ID 设置，通过左右键进行更改，更改内容包括：

Increment——自动加 1；

Blank——空白；

Repeat Last——使用前一个 ID。

2)测试完毕(After test)

设置测试完成后的自动动作，使用左右键进行更改，选项有：

New Test——自动进入下一项测试界面；

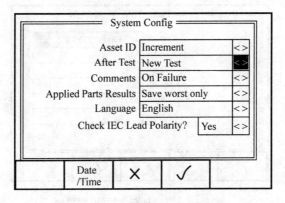

图 3 - 4 - 26　系统配置设置界面

Download——自动下载数据到计算机中；

Print Label——自动打印结果到热敏打印机；

Test'n Tag——自动打印测试标签；

Options Menu——测试完成后，进入其他选项界面。

3）备注（Comments）

为测试添加备注。使用左右键进行更改，选项有：

Always——测试后显示备注；

On Pass——仅符合要求的测试后显示备注；

On Failure——仅不符合要求的测试后显示备注；

Never——从不添加备注。

4）应用部分结果（Applied Part Results）

更改患者漏电流测试选项：

Save Worst Only——只保存所有应用部分的漏电流测试中的最大值；

Save All——保存所有应用部分的漏电流测量结果。

5）语言（language）

有五种语言可供选择，通过左右键进行设置。

6）检查电源极性（Check IEC Lead Polarity）

Yes——自动检查，检查到电源反相时，屏幕会有提示。

No——不检查电源极性（不推荐此种选项）。

7）日期/时间（Date/Time）

按下 Date/Time（F2）键，显示如图 3 - 4 - 27 所示界面：

当所有的系统配置设置完成后，按下√（F4）键确认。

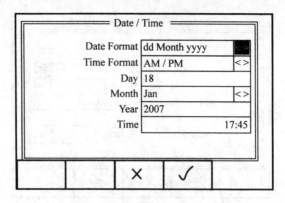

图 3 - 4 - 27 日期/时间设置界面

（5）设置蓝牙设备

在图 3 - 4 - 3 所示自定义设定界面中选择"Blue Tooth Favourites"，如图 3 - 4 - 28所示：

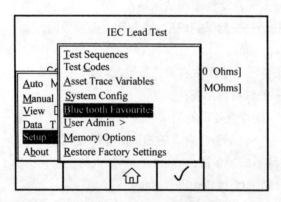

图 3 - 4 - 28 蓝牙设备设定界面

按下√(F4)键确认，进入图 3 - 4 - 29 所示的蓝牙设备选择界面：

蓝牙设置列表里可设置四种设备类型，每种类型可保存 3 个设置。这四种设备类型为：Barcode（Scanner）条形码扫描仪、Printer 打印机、Computer 计算机、Test'nTag Printer 测试标签打印机。

以图 3 - 4 - 29 所示界面中添加计算机到蓝牙设备列表为例，说明添加方法。使用上下键选择要更改的设备类型，按下 ⚙ (F2)键选择。进入图 3 - 4 - 30所示界面。

确认要添加到列表中的设备处于开机状态，按下🔷(F1)键搜索蓝牙设备。蓝牙有效范围为 10 米，搜索时间取决于蓝牙设备的数量。

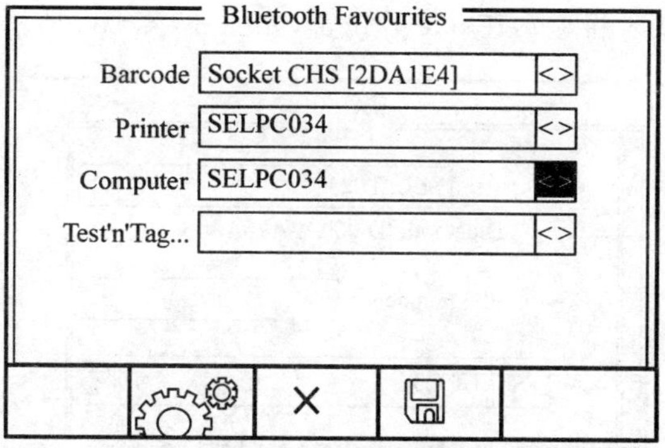

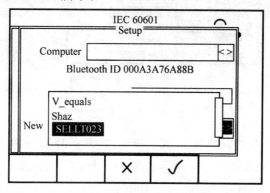

图 3－4－29　蓝牙设备选择界面

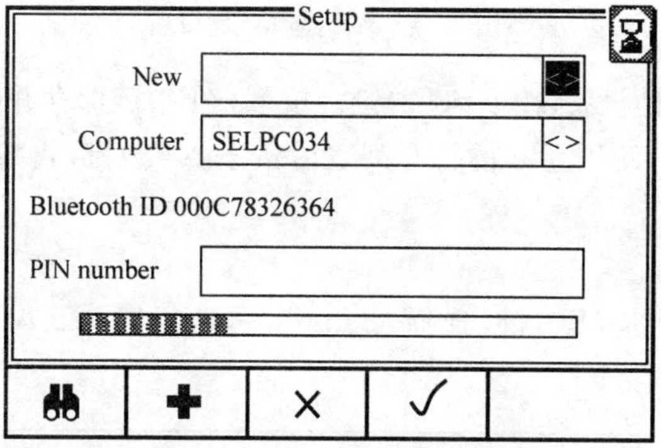

图 3－4－30　添加计算机到蓝牙设备列表

　　等待进度条完成,使用方向键加亮"New"后,使用左右键打开搜索到的蓝牙
设备列表。如图 3－4－31 所示。

图 3－4－31　搜索到蓝牙设备

　　使用上下键加亮需要的设备(例如图 3－4－41 中的:SELLT023),按下√

(F4)键,SELLT023 将显示在"New"位置,如图 3-4-32 所示。

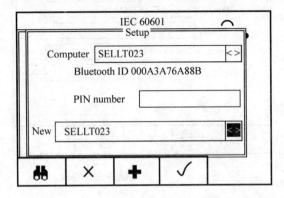

图 3-4-32　选择蓝牙设备

如要增加其他设备,按下✚(F3)键。按下✓(F4)键保存并返回到上一界面。如果要删除设备,使用左右键打开列表后按下🗑(F2)键,再按下✓(F4)键确认删除。

(6)用户管理

在主菜单按➤▤(F4)键,选择"Setup",再选择"User Admin"。界面如图 3-4-33所示。

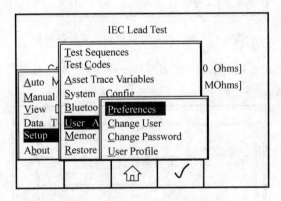

图 3-4-33　用户管理设定界面

有四个选项,包括:按照个人喜好设定参数、更改用户、更改密码、设定用户文件。使用上下键移动到需要选择的选项后,按✓(F4)键选择。

1)喜好(Preferences)

在此界面的所有设置都针对当前登录用户,可设定的内容包括:设定显示对比度、自动关机时间、背光节电模式、报警或按键声音等。

2)更改用户

将现有用户设定为默认用户或增添新用户。

3)更改密码

允许用户创建新的密码或变更已存的密码。

4)设定用户文件

仅限管理员使用,一般用户无效。

(7)内存选项(Memory Options)

在主菜单按▸目(F4)键,选择"Setup",再选择"Memory Options"。界面如图 3-4-34 所示。

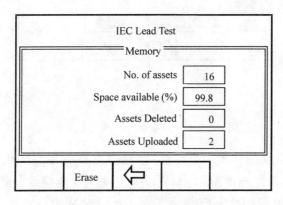

图 3-4-34　内存选项

将显示记录数量、剩余内存、已删除记录和上传记录数量。对于闪存来说,并没有删除记录,还在内存中占据存储空间。如果要完全清除删除的记录,按下(F2)键,将显示提示信息,如图 3-4-35 所示。按下√(F4)键确认。

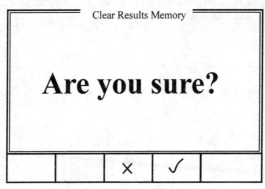

图 3-4-35　删除存储器记录

(8)恢复出厂设置(Restore Factory Settings)

在主界面按下▶目(F4)键,选择"Setup",再选择"Restore Factory Settings"。如图3-4-36所示。任何时候都可以恢复厂家默认设置。

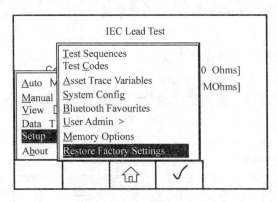

图3-4-36　恢复出厂设置

2. 自动测试

Rigel 288自动测试模式有两种:全自动测试或半自动测试。当测试医用电气设备时,根据标准的要求,在测试过程中,被检设备处于开机状态。Rigel 288带有独特的半自动测量模式,允许对被检设备手动控制加电和断电。

(1)设定自动测试序列

在主界面按下▶目(F4)键,选择自动模式。将显示如图3-4-37所示设备信息界面。

选择正确的电气安全测试标准,输入设备ID。如果已经建立测试码,此时可输入。使用上下左右键选择需要的测试序列。选择运行模式(自动或半自动)。输入测试周期。

确认后进入图3-4-38所示界面。

如果需要设置应用部分,按下↑●(F1)键。设定过程同本节前述"配置应用模块"有关内容。

设置完成后,返回到图3-4-38界面,在此界面,按下按⚙(F2)键后,用户可修改或创建新的测试序列。当所有的信息确认后,按下√(F4)键开始测试。

(2)测试前检查

为了保障用户的安全,在开始测试之前要求进行测试前检查,包括:目视检

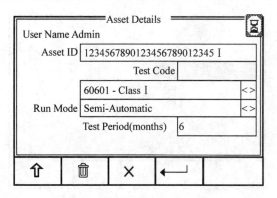

图 3 - 4 - 37　自动测试设定界面

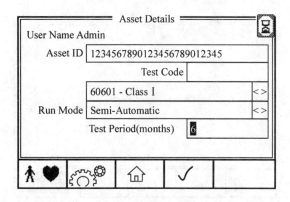

图 3 - 4 - 38　自动测试设定确认界面

查、接地线检查等。

1)目视检查

自动测试序列的第一项测试,显示界面如图 3 - 4 - 39 所示。

根据相应的检查结果按下对应的按键。

2)接地线检查

进行接地线检查前,将测试线连接到绿色插座上。在图 3 - 4 - 40 所示界面中,按下"Calc "(F2)键,计算 Pass/Fail 限值。

确认连接完成后,按绿色"开始键"开始测试。测试结果如图 3 - 4 - 41所示。

(3)自动测试过程

完成"测试前检查"并满足要求后,测试仪按照选定的测试序列自动进行电气安全测试。首先的带电测试为负载测试,Rigel 288 将检查被检设备回路,确认被检设备电流不超过16A。如果被检设备短路,Rigel 288 将显示

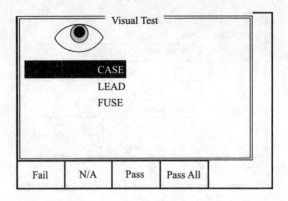

图 3 - 4 - 39　目视检查

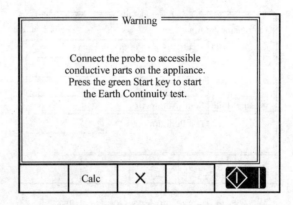

图 3 - 4 - 40　接地线检查界面

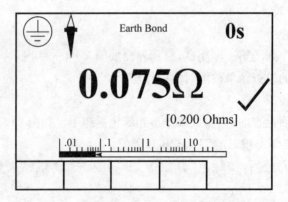

图 3 - 4 - 41　接地电阻测量结果示意图

警告信息。在负载测试完成后,为漏电流测试,包括正常状态和单一故障状态。

如果是半自动模式,在被检设备的加电、漏电流测试过程中的单一故障状态等测试前,测试仪都会有提示,经确认后进行测试。而全自动模式没有提示,全部自动进行。

(4)查看结果

测试完成后,当在设置里选择了系统配置时,显示界面如图3-4-42所示。

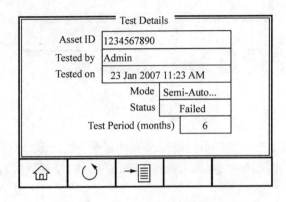

图3-4-42　查看自动测试结果

如要查看选项菜单,选择➤▤(F3)键,打开的下拉菜单如图3-4-43所示。

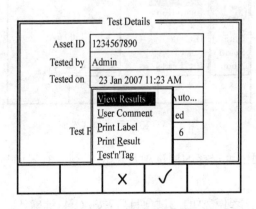

图3-4-43　测试结果选项菜单

图3-4-43中选择查看结果,显示图3-4-44所示界面。

压下⇐(F2)键返回上一界面,压下➤▤键打开其他选项,如打印结果、标签等。

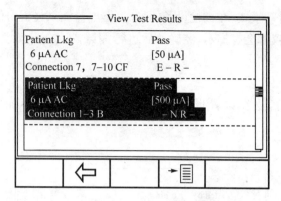

图 3 - 4 - 44　测试结果显示界面

3. 手动测试

在手动模式下可以选择不同的测试项目完成一些特殊的测量。

开机后按菜单选择键 ➡️𝄞(F4),选择 Manual Mode(手动测试),如图 3 - 4 - 45 所示。

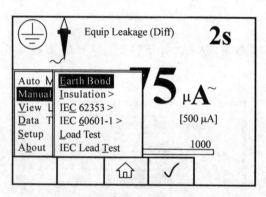

图 3 - 4 - 45　手动测试界面

手动测试界面中可选择的测试项目见表 3 - 4 - 3,界面显示如图 3 - 4 - 46 所示。

通过方向键选择到需要的测试项目后,按√(F4)键确认。

例如:选择 IEC 62353 标准—设备漏电流—直接方法,显示界面及各标识符的含义如图3 - 4 - 47所示。

按"F2"键将电源反相,按下⚙️(F3)键更改设置、按下**?**(F1)键打开帮助菜单。所有的手动测试都可以根据用户的要求进行修改。

表 3 - 4 - 3　手动测试项目

接地阻抗			
绝缘阻抗	被检设备绝缘		
	应用部分绝缘		
	应用部分对电源部分绝缘		
IEC 62353	设备漏电流		直接
			选择
			差分
	患者漏电流		直接
			选择
IEC 60601-1	对地漏电流		
	外壳漏电流		
	患者漏电流		
	患者辅助漏电流		
	患者辅助漏电流(隔离)		
负载测试			
IEC 导联测试			

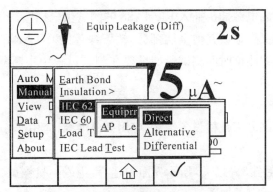

图 3 - 4 - 46　手动测试界面选项

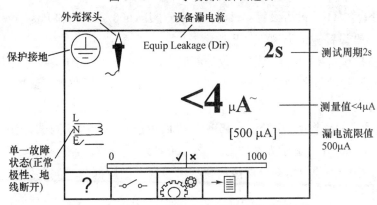

图 3 - 4 - 47　漏电流测试界面及各标识符的含义

下面简单介绍各项测试方法。

(1)接地阻抗

在图 3-4-45 所示界面中选择接地阻抗测试(Earth Bond),测试仪将在被检设备电源插头的接地端和保护地测试柱之间加±200mA 的直流测试电流,测量的最高值将显示在屏幕上。如图 3-4-48 所示:

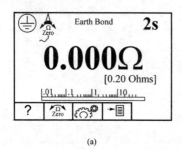
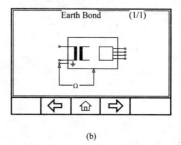

(a)   (b)

图 3-4-48　接地阻抗测试结果及原理图

将被检设备的电源插头插入 Rigel 288 的测试供电插座,将保护地测试线连接到被检设备的保护地或其他金属部分,按下绿色的"START"键开始测试,测试仪将根据预置的测试时间测试。如果要在测试过程中中断测试,按下红色的"STOP"键。

(2)绝缘阻抗

绝缘阻抗测试分为被检设备绝缘、应用部分绝缘、应用部分对电源部分绝缘三种,见表 3-4-3。

设备绝缘:在图 3-4-45 所示界面中选择:绝缘阻抗测试、设备绝缘(Insulation EUT),显示界面如图 3-4-49 所示。

按下 (F3)键可设置测试时间、测试电压(500/250V)和 Pass/Fail 限值。按下(F2)键设置测试类型(Ⅰ、Ⅱ类)。

将被检设备电源连接到测试仪的测试供电插座上,对于Ⅰ类设备,测试线需分别连接到被检设备的接地端和外壳;对于Ⅱ类设备,仅需将测试线连接到被检设备的外壳。

应用部分绝缘:在图 3-4-45 所示界面中选择绝缘阻抗测试、应用部分绝缘(Insulation AP),显示界面如图 3-4-50 所示。

将被检检备的应用部分连接到测试仪的病人应用部分检测连接器上,设置方法同上。

对于Ⅰ类设备,测试线需分别连接到被检设备的接地端和外壳;对于Ⅱ类设备,仅需将测试线连接到被检设备的外壳。

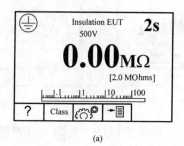

(a)

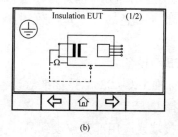

(b)

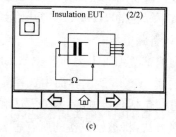

(c)

图 3-4-49　设备绝缘阻抗测试界面

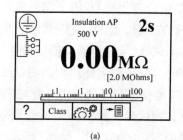

(a)

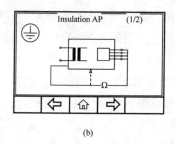

(b)

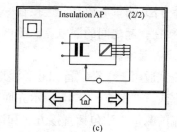

(c)

图 3-4-50　应用部分绝缘阻抗测试界面

应用部分到主电源的绝缘阻抗:在图 3-4-45 所示界面中选择绝缘阻抗测试、应用部分到主电源的绝缘(Insulation AP to Mains),显示界面如图 3-4-51所示。

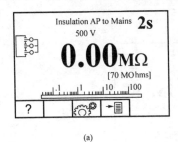
(a)

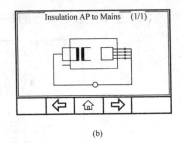
(b)

图 3-4-51 应用部分到主电源的绝缘阻抗测试界面

将被检设备的应用部分连接到测试仪的应用部分检测连接器上,设置方法同上。按下绿色的"START"键开始测试,按下红色的"STOP"键停止测试。

(3)设备漏电流

此项测试适用于Ⅰ类和Ⅱ类 B、BF、CF 型设备。

在图 3-4-45 所示界面中选择测试标准 IEC 62353,该标准对设备漏电流的测量方法包括直接方法、差分方法和选择方法。

直接方法:将被检设备的所有患者连接端或应用部分连接到测试仪的应用部分检测连接器,被检设备的电源插入测试仪的测试供电插座。注意:所有的患者连接端和应用部分是组合在一起的,为了满足这一要求,Rigel 288 内部将 10 个应用部分连接器连接在一起。因此,应用部分设置此时不可用。

对于Ⅰ类设备,将测试线(从绿色插口接出)连接到外壳的可导电部分,对于测量可导电的非接地部分,测试要求使用相同测试线重复测试;对于Ⅱ类设备,将测试线(从绿色插口接出)连接到外壳(最好用铝箔包住)。按下绿色的"START"键开始测试。测试界面如图 3-4-52 所示。

差分方法:测试界面连接图如图 3-4-53 所示。

选择方法:测量电源部分连接在一起和应用部分/可触及部分(可导电和非导电)连接在一起之间的漏电流。测试界面连接图如图 3-4-54 所示。

(4)患者漏电流

此测试适用于Ⅰ类设备和Ⅱ类浮地型(BF 和 CF)应用部分。包括直接方法和选择方法。在图 3-4-45 所示界面中选择测试标准 IEC 62353,该标准对患者漏电流的测量方法包括直接方法和选择方法。

直接方法:显示界面如图 3-4-55 所示。

按下 (F3)键设置测试时间、设备类型、应用部分模块和 RMS Pass/Fail 限值。

对于Ⅰ类和Ⅱ类设备,连接患者连接器或应用部分到测试仪的应用部分检测连接器；对于Ⅰ类设备，将测试线连接到导电的非接地部分；对于Ⅱ类设备，将测试线连接到外壳（最好用铝箔包裹）。按下绿色的"START"键开始测试。

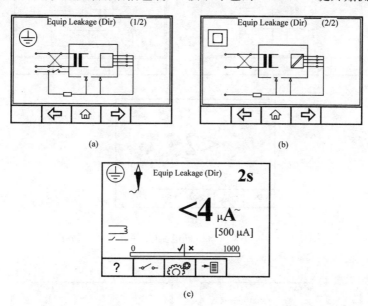

图 3-4-52　IEC 62353 漏电流（直接方法）测试界面

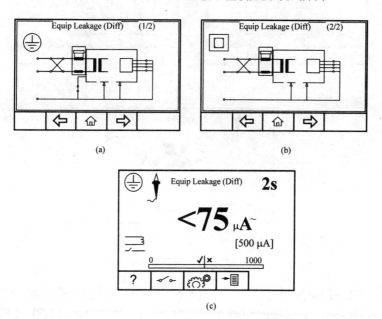

图 3-4-53　IEC 62353 漏电流（差分方法）测试界面

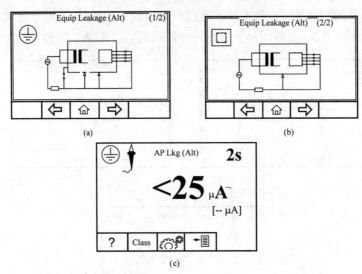

图 3 - 4 - 54　IEC 62353 漏电流(选择方法)测试界面

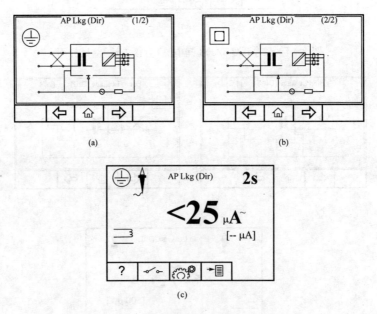

图 3 - 4 - 55　IEC 62353 患者漏电流(直接方法)

选择方法:测量应用部分和所有电源部分,被检设备的接地端和外壳连接在一起后的漏电流。测试界面如图 3 - 4 - 56 所示。测试线连接方法同上述直接测量。

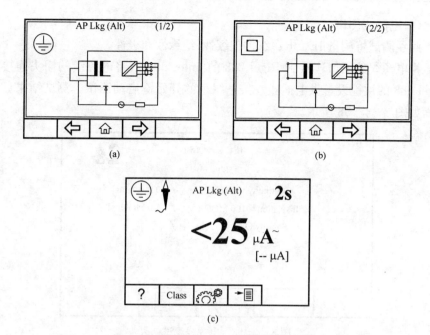

图 3 - 4 - 56　IEC 62353 患者漏电流(选择方法)

IEC 60601 测试标准的漏电流测试基本相同,此处不再赘述。

(5)负载测试

用于测量被检设备工作时的电流和功率。

按下?(F1)键打开帮助界面,如图 3 - 4 - 57 所示。

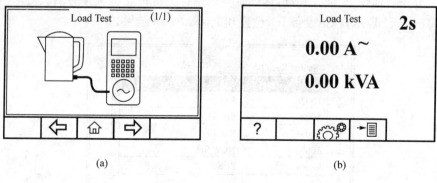

图 3 - 4 - 57　负载测试界面

被检设备电源线接到测试仪的测试供电插座,按下绿色的"开始键"启动测试,红色键中止测试。

(6)电源线测试

此项测试将测量 IEC 电源线的连续性、绝缘性和极性。

将电源线的插口连接到 Rigel 288 的"inlet plug",将电源线的插头连接到 Rigel 288 的被检设备供电插座。按下绿色的开始键启动测试。测试结果显示界面如图 3-4-58 所示。

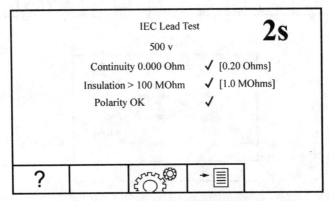

图 3-4-58　电源线测试结果

电源线的接地连续性阻抗测量所使用的测试电流为±200mA。测量过程中,将显示当前测量阻抗的最大值和 Pass/Fail 限值。当测量结果在限值之内时,测试仪将测量绝缘阻抗,在测量绝缘阻抗过程中,将对火线/零线和地线之间加高电压,极性测试将加主电压。

(7)查看手动测试结果

在主界面按下▸▤(F4)键,选择查看数据。屏幕将显示所有的测试记录,如图 3-4-59 所示,包括设备 ID、位置和 Pass 或 Fail 结果。

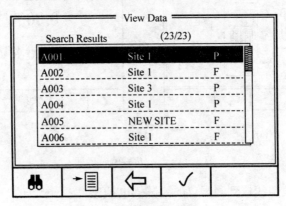

图 3-4-59　查看测试记录

通过上下键查找数据库,当所需的记录加亮后按下√(F4)键查看记录。显示界面如图3-4-60所示。

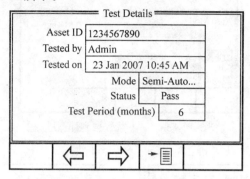

图3-4-60　详细数据

按下▸圁(F4)键查看下列选项,包括查看结果、打印输出等,界面如图3-4-61所示。

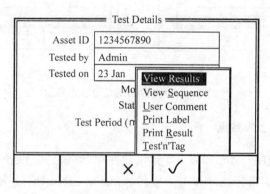

图3-4-61　数据输出

五、数据传输

测试完成后,数据传输用于传输记录和配置数据。以上述电源线测试结果为例说明。

在主界面按下▸圁(F4)键,选择数据传输后通过上、下键选择相应的选项后,按下√(F4)键确认。如图3-4-62所示。

1. 下载数据到计算机

选择下载到PC,按√(F4)键确认。Rigel 288将与计算机通过蓝牙进行连

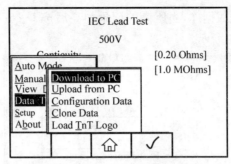

图 3 - 4 - 62　下载数据到计算机

接。蓝牙状态将显示在屏幕上,如图 3 - 4 - 63 所示。

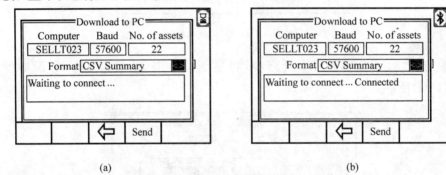

(a)　　　　　　　　　　　　　　　(b)

图 3 - 4 - 63　数据传送蓝牙状态界面

2. 从计算机上传数据

此功能只有在有 Med-eBase 计算机软件和 SSS 格式开启的情况下才可用,在数据传输菜单中选择从计算机中上传(Upload From PC)。Rigel 288 将通过蓝牙与计算机进行连接,Rigel 288 准备好接收数据。

3. 配置数据

包括传输配置数据和接收配置数据。

(1)传输配置数据

如果要从计算机中传输配置数据,按下 图(F4)键,选择数据传输,再选择数据,按 √(F4)键确认。Rigel 288 开始与计算机连接,当连接完成后,显示如图 3 - 4 - 64所示。

在计算机中运行"Data Transfer. exe. ",检查蓝牙 USB 适配器端口的设置,默认的波特率为 57600。计算机创建好文本文档后,按下 Send 键(F4),将 Rigel 288 中的信息传输到计算机中。下载的文档将显示在蓝牙下载界面中,在

134

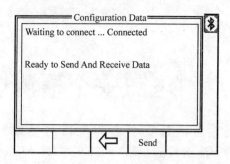

图 3-4-64　传输配置数据

Capture菜单下选择 Stop Capture。关闭程序,使用记事本等程序打开文档。

（2）接收配置数据

将 Rigel 288 连接到计算机,在蓝牙下载界面,点击"File"后选择"Send File",将弹出选择文档界面。选择需要的文件后,点击打开。蓝牙下载器将选择数据传输到 Rigel 288 中,当传输完成后,Rigel 288 将显示如图 3-4-65 的提示信息。

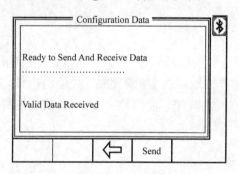

图 3-4-65　接收配置数据

4. 复制数据

此选项可用于在 Rigel 288 和计算机之间传输、保存和复制当前的测试序列和测试码。

第四章 电气安全检测规范

目前,医用电气设备电气安全检测所依据的标准仅有 GB 9706.1 (IEC 60601),且适用于注册检验,IEC 62353—2007 Medical electrical equipment—Recurrent test and test after repair of medical electrical equipment,规定了医用电气设备使用期间和维修后的安全检测,我国尚无相应的国标出台。军内开展质控工作依据《军队卫生装备质量控制检测技术规范》中的《医疗设备通用电气安全质量检测技术规范(试行)》进行,下面给予详细介绍。

第一节 测试装置与环境条件

一、测试装置

《医疗设备通用电气安全质量检测技术规范》中使用的测试装置必须满足以下要求:具备保护接地阻抗、绝缘阻抗、对地漏电流、患者漏电流、患者辅助漏电流等项目的检测功能;能够模拟供电系统的正常状态和单一故障状态。

二、检测环境条件

(1)环境温度:(10～40)℃;

(2)相对湿度:30%～75%;

(3)大气压力:(700～1060)hPa[(645～795mmHg)];

(4)供电电源:(220±22)V,(50±1)Hz;

(5)具备医疗系统所必需的合格地线。

(6)周围无明显影响检测系统正常工作的机械振动和电磁干扰。

第二节 检测项目及要求

1. 保护接地阻抗

≤200mΩ。

2. 绝缘阻抗

≥10MΩ。

3. 对地漏电流

(1)正常状态下对地漏电流:≤500μA。

(2)单一故障模式下对地漏电流:≤1000μA。

4. 外壳漏电流

(1)正常状态下外壳漏电流:≤100μA。

(2)单一故障模式下外壳漏电流:≤500μA。

5. 患者漏电流(AC)

(1)B 型、BF 型应用部分

a)正常状态下患者漏电流:≤100μA。

b)单一故障模式下患者漏电流:≤500μA。

(2)CF 型应用部分

a)正常状态下患者漏电流:≤10μA。

b)单一故障模式下患者漏电流:≤50μA。

6. 患者辅助漏电流(AC)

(1)B 型、BF 型应用部分

a)正常状态下患者辅助漏电流:≤100μA。

b)单一故障模式下患者辅助漏电流:≤500μA。

(2)CF 型应用部分

a)正常状态下患者辅助漏电流:≤10μA。

b)单一故障模式下患者辅助漏电流:≤50μA。

第三节　检测方法

一、被检设备定性检测

(1)网电源插头有无破损、褪色,插针有无变形。

(2)电源接口处是否接触良好,有无裸露电线的情况。

(3)电源软电线是否由于老化或化学物质等因素引起变色。

(4)设备外壳是否损坏。

(5)设备的一些部件,如刻度盘、开关、控制面板等是否损坏或丢失。

(6)设备的内部是否有异常响声。

(7)一些毛屑、纤维或液体的残余物,比如消毒剂、化学溶液等物品是否在设备表面有残留。

(8)是否有烧焦味,设备局部是否已变色。

(9)所有必备的标签(如电源要求、电气安全分类)是否清晰完整地在设备上粘贴。

(10)直流电池供电设备的电池充电是否正常。

(11)充电指示灯是否正常。

二、定量检测

1. 检测前校准

对检测设备的测试导线进行校准。校准功能主要用于检测测试导线的阻抗,并在随后的检测中将其扣除。

如检测设备没有校准功能,不做此项。

2. 检测设置

根据测试装置的说明书正确连接被检设备,打开测试装置的电源开关,如下设置测试装置状态:

(1)选择检测标准(一般为 IEC 60601-1);

(2)根据被检设备,选择应用部分类型(B、BF 或 CF);

(3)选择设备应用部分导联数目,连接导联(注意:连接位置按照检测设备要求或提示连接);

(4)选择检测模式:手动检测、自动检测(电源开关为硬开关的被检设备,通常选用自动检测模式,检测设备会自动顺序执行所选标准的检测。电源开关为软开关或开机后有较长时间自检的被检设备,检测时当被检设备通电时,应及时手动打开被检设备电源开关,保证设备在检测时是在工作状态;此类设备检测时,建议选用手动模式,测试者可顺序选择下述中的项目进行检测)。

3. 保护接地阻抗

测试装置会提供 50Hz、空载电压不超过 6V 的电源,产生不低于 10A 也不超过 25A 的电流,至少保持 5s,测试装置根据电流和电压降确定阻抗。

被检设备电源线接至测试装置前面板的电源输出口(由测试装置为被检设备提供电源);测试装置置保护接地检测状态;测量被检设备接地端子至每一个可触及金属部件之间的接地阻抗值。如图 4-3-1 所示。

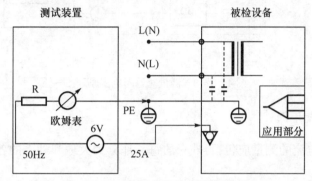

图 4-3-1 测量保护接地阻抗原理图

4. 绝缘阻抗(电源-外壳)

测试装置会提供 500V 直流电压,通过一个限流电阻检测被检设备的带电部件到外壳的绝缘阻抗。如图 4-3-2 所示。

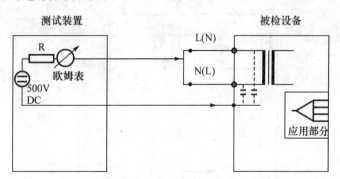

图 4-3-2 测量非应用部分的可触及部件绝缘阻抗原理图

5. 对地漏电流

测试装置对被检设备电源端输入 110% 额定电压,通过测试装置内部的测量装置(MD),测量对地漏电流值,即由被检设备电源部分穿过或跨过绝缘流入保护接地导线的电流。如图 4-3-3 所示。

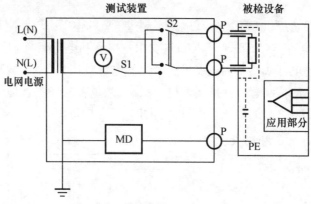

图 4-3-3　测量对地漏电流原理图

6. 外壳漏电流

外壳漏电流的测量应包括：外壳的每一部分到大地和外壳的各部分之间的漏电流。

(1)测量装置(MD)测量的是从外壳的每一部分到大地的漏电流。如图 4-3-4(a)所示。

(2)测量装置(MD)测量的是外壳的各部分之间的漏电流。如图 4-3-4(b)所示。

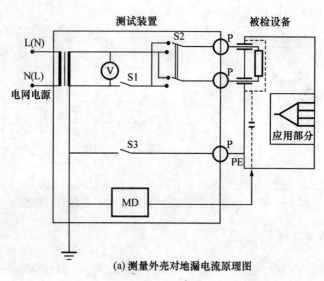

(a)测量外壳对地漏电流原理图

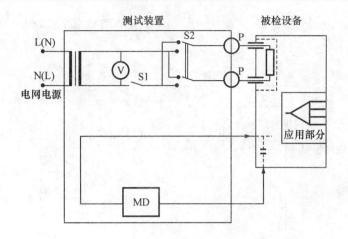

(b) 测量外壳之间漏电流原理图

图 4-3-4　外壳漏电流测量原理图

7. 绝缘阻抗(应用部分-外壳)

测试装置会提供 500V 直流电压,通过一个限流电阻检测被检设备应用部分到外壳的绝缘阻抗。如图 4-3-5 所示。

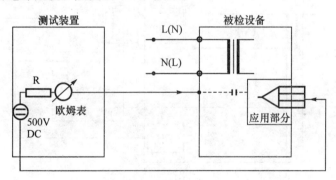

图 4-3-5　测量应用部分绝缘阻抗原理图

8. 患者漏电流

测量患者漏电流,测试装置必须轮流地从每个患者连接点进行测量。

(1)测量装置(MD)测量的是从应用部分经患者流入地的漏电流。如图 4-3-6(a)所示。

(2)测量装置(MD)测量的是由于在患者身上意外地出现一个来自外部

电源的电压而从患者经 F 型应用部分流入地的电流。如图 4 - 3 - 6(b)
所示。

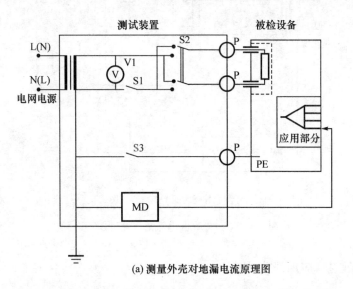

(a) 测量外壳对地漏电流原理图

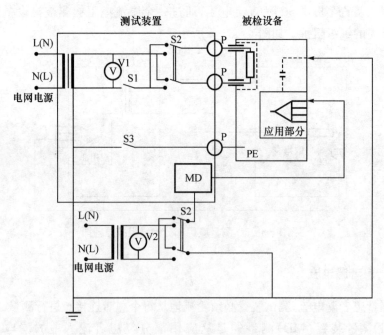

(b) 测量患者漏电流原理图

图 4 - 3 - 6　患者漏电流测量原理图

9. 患者辅助漏电流

测量装置(MD)测量的是流经应用部分部件之间的患者的电流。患者辅助漏电流必须在任意一个患者连接点与连在一起的所有其他患者连线之间进行测量。如图4-3-7所示。

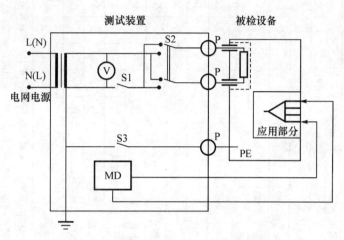

图4-3-7　测量患者辅助漏电流原理图

第四节　检测原始记录

《医疗设备通用电气安全质量检测技术规范(试行)》原始记录见表4-4-1。

表4-4-1 通用电气安全质量检测原始记录表

检测报告编号：

设备科室		负责人		联系电话		检测依据	医疗设备通用电气安全质量检测技术规范		
被检设备	名称		制造厂家		型号规格	设备编号		环境条件	

定性检查		P	F		检测结果	允许值
设备电源线	网电源插头是否破损、褪色，插针有无变形					
	电源接口处是否接触良好					
	电源软电线是否老化、变性使绝缘性能下降					
设备本身	设备外壳是否损坏					
	设备的部件如刻度盘、开关等是否损坏或丢失					
	设备内是否有毛刺、纤维等异物					
	设备的内部是否有异常响声					
	是否有烧焦味，设备局部是否已变色					
	所有必要的标签是否都在设备上					
设备电池	某些设备的电池充电是否正常					
	充电指示灯是否正常					

定量检测			检测结果	允许值
电源部分	电源电压（V）			
	保护接地阻抗（mΩ）			200
	绝缘阻抗（电源-地）（MΩ）			10
	对地漏电流（μA）	正常状态	1： 2：	500
		单一故障状态	1： 2：	1000
应用部分	外壳漏电流（μA）	正常状态	1： 2：	100
		单一故障状态	1： 2： 3： 4：	500
	绝缘阻抗（应用部分-地）（MΩ）	正常状态		B型　BF型　CF型
		单一故障状态	1： 2： 3： 4：	
	患者漏电流（μA）	正常状态	1： 2：	100　500　10
		单一故障状态	1： 2： 3： 4：	500　　　50
	患者辅助漏电流（μA）	正常状态	1： 2：	100　500　10
		单一故障状态	1： 2： 3： 4：	500　　　50

检测说明

检测结果　　合格 □　　不合格 □

注释：
1. 环境条件：是否符合检测要求；
2. P=Pass，F=Fail；
3. 检测结果中正常状态 1 格表示正常状态，电源线；2 格表示正常状态，电源线，电源反相；这两种状态相同，电源反相；
4. 检测结果中单一故障状态 1 格表示断开一根电源线，2 格表示断开一根电源线，电源反相；3 格表示断开一根地线，4 格表示断开一根地线，电源反相；
5. 如果被测仪器是Ⅱ类设备则不需要检测保护接地阻抗和对地漏电流。

日期：　　年　　月　　日

检测人：

审核人：

第五章 各类设备电气安全检测方法

根据《医疗设备通用电气安全质量检测技术规范（试行）》，医用电气设备通用电气安全质量控制检测可分为定性检查和定量检测两个部分，定性检查不需要专用工具，而定量检测则需利用特定电路或专用电气安全检测仪器来完成。下面我们将结合第四章表4-4-1《通用电气安全质量检测原始记录表》的各项内容，借助于各类电气安全检测设备，详细介绍医用电气设备通用电气安全的检查和测量方法。

第一节 定性检查

一、检测前准备

1. 设备摆放

可在试验室测量的小型医用电气设备，如输液泵、注射泵、监护仪、除颤器等设备，检测前应将被检设备和测试装置置于清洁、绝缘良好的工作台上；需要到临床科室检测的大、中型医用电气设备，应将测试装置置于稳固、绝缘的台架上，尽量靠近被检设备摆放，以方便操作。

连接测试装置电源线于网电源插座，若测试装置距离网电源插座较远，可用带地线的三线配电盘连接。连接测试装置相关导线、接头，打开测试装置电源，检查开机状态是否正常。开机后预热20min，待测试装置工作状态稳定后，方可进行检测。

2. 登记设备信息

按《通用电气安全质量检测原始记录表》要求，编制检测报告编号、检测流水号，填写被检设备所在科室、负责人姓名、联系电话；查看被检设备标牌，填写被检设备名称、制造厂家、型号规格、设备编号；查看温湿度计，记录温、湿度等环境条件；最后填写检测人姓名及检测时间。

二、定性检查内容及方法

定性检查通过检查设备电源线、设备本身的物理特性和设备电池的状态，来判断被检设备是否存在电气安全隐患。定性检查时要动用所有感觉器官:用眼看设备的电源线有无破损或切口,设备外壳是否损坏;用耳朵听设备内部是否有异常响声;用鼻子闻是否有烧焦味或附着的化学物质气味;用手触摸是否有发热的设备部件或导线。

1. 设备电源线检查

设备电源线包括网电源插头、网电源接口和电源软电线等部分,是被检设备的供电通路,其结构及各部分定义如图5-1-1所示。

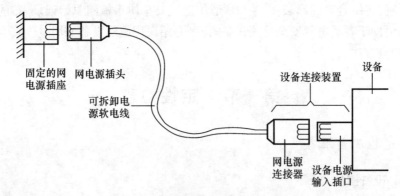

图5-1-1 可拆卸的网电源连接

设备电源线经常拔插、卷曲,长期使用会老化、破损,严重时会出现电源线裸露或断裂,形成安全隐患,应作为重点检查内容,检查内容包括:

(1)检查网电源插头有无破损、褪色,插针有无变形;

(2)电源接口处是否接触良好,有无裸露导线等现象;

(3)电源软电线是否老化,有无破损、龟裂或变色现象。

2. 设备本身检查

设备本身检查主要检查仪器的外壳是否完整、表面部件有无损坏、标识是否齐备以及设备运行状态是否正常,具体内容如下:

(1)设备外壳是否损坏;

(2)设备部件如刻度盘、开关、控制面板等是否损坏或丢失;

(3)可观察到的设备内部是否有毛屑、纤维或液体的残余物;

(4)设备运行时是否有异常响声;

(5)设备是否有焦糊味,表面是否有局部变色;

(6)所有必备的标签是否在设备上。

3. 检查设备电池

对于具有电池供电的设备,应检查电池的状况。拔掉网电源供电插头,使设备处于电池供电状态,检查设备是否能正常启动。设备运行一定时间后,重新插上网电源插头,观察设备充电指示灯是否点亮,以此判断设备充电是否正常。检查内容如下:

(1)设备的电池充电是否正常;

(2)充电指示灯是否正常点亮。

4. 定性检查的结果处理

以上每项内容检查完成后,若符合要求,则在原始记录表相应内容后的 P 栏内画√;若不符合要求,则在原始记录表相应内容后的 F 栏内画√。字母 P 为"Pass"缩写,代表"通过";字母"F"为"Fail"缩写,代表"未通过"。

待全部定性检查内容完成后,如发现有不合格的项目,则检查结果判定为不合格,不进行后续定量检测。在原始记录表"检测说明"栏指出不合格项目,出具不合格检测报告并在被检设备上贴不合格标签,设备应立即停用。待相应问题排除、重新检测合格后,该设备方可投入使用。

第二节　目前开展电气安全检测的医用电气设备

一、除颤监护仪

心脏除颤器和除颤监护仪是心脏病治疗和抢救中常用的仪器,它是一种应用电击来抢救和治疗心律失常的医疗电子设备。研究资料表明:66％的猝死与心律失常相关,心律失常猝死中,其中 83％是由恶性室性心律失常引发,心室颤动和无脉性室速是最终的致死原因。迄今为止,心脏电除颤被公认为是终止室颤最迅速、最有效的方法。除颤监护仪是医院必备的急救仪器,它能产生较强的、能量可控的脉冲电流作用于心脏以消除某些心律紊乱,使心脏恢复为正常的窦性心律。

心脏除颤器/除颤监护仪在医疗机构装备数量较大,广泛应用于心内科、ICU、CCU、手术室、急救室、急诊科等场所。近 10 年来,随着自动化程度高、对使用者技术能力要求相对低的自动体外除颤器 AED 的出现,使除颤设备的使用范围延伸到社区医疗、机场、体育场、工厂和消防等公共场所。随着电子技术的飞速发展,除颤监护仪的功能日趋复杂,除常规的心电监护和除颤功能之外,集合了血氧监护、血压监护、起搏器为一体的除颤起搏监护仪日益普及;为了扩大临床使用范围,集自动、手动于一体的除颤监护仪已成为主流;能够根据患者个体差异进行阻抗识别并自动调整释放能量的阻抗自适应技术日益成熟,大大减低了对患者的灼伤程度;双相波放电的大量使用,大大提高了临床的救治效率。

这些除颤设备在使用期间会产生数千伏的高压电脉冲,其技术性能的优劣将严重影响医疗质量并危及患者、操作者的生命安全。

1. 与除颤监护仪相关的标准

根据 ISO 14971《医用装置风险管理 第 1 部分:风险分析应用》推荐的方法进行风险分析,除颤设备的风险值在全部医用装置中排列第二。因此国际上十分重视这类设备的安全使用,与其相关的检定、检测方法也非常完善,国际电工委员会(IEC)、美国心脏协会(AAMI)及欧美等国均有相应标准,涉及性能标准、使用维护标准、注册检验标准等,国内近年来也相继出台了多项针对除颤监护仪的法规,国家标准 GB 9706.8—2009《医用电气设备 第 2 部分:心脏除颤器安全专用要求》等同采用 IEC 标准,用于对除颤监护仪投入临床前的安全检测;2006年国家质检总局发布了 JJF 1149—2006《心脏除颤器和心脏除颤监护仪校准规范》,适用于除颤监护仪投入临床使用后周期性的性能检测。军队早在 2003 年就制定了针对除颤监护仪的军用标准 WSB64—2003,领先于国家首先在全军范围内展开了除颤监护仪的性能检测,并自行研制了检测装置配发至军内各三级计量技术机构,使除颤监护仪的性能得到了保障,消除了故障隐患。

2. 除颤监护仪的工作原理

心脏除颤应用高压电容储备可控制的直流电能,然后通过两个除颤电极,在瞬间向病人胸壁或心脏释放,达到消除某些心律失常的目的,这种直流电除颤具有损伤小和安全可靠的优点。

一般心脏除颤器多数采用 RLC 阻尼放电的方法,其充、放电基本原理如图5-2-1 所示。

电压变换器将直流低压变换成脉冲高压,经高压整流后向储能电容 C 充电,使电容获得一定的储能。除颤治疗时,控制高压继电器 K 动作,由储能电容C、电感 L 及人体(负荷)串联接通,使之构成 RLC(R 为人体电阻、导线本身电阻、人体与电极的接触电阻三者之和)串联谐振衰减振荡电路,即为阻尼振荡放电电路。

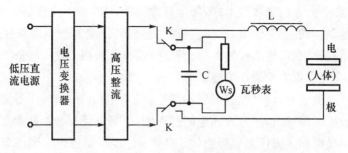

图 5-2-1 心脏除颤器原理框图

3. 除颤监护仪的使用安全

除颤器是在发生颤动的心脏上仅在一瞬间得到外来强电流的刺激,使心脏恢复原来周期性搏动的治疗仪器,使用除颤器时会引起多种危险。电击事故是整个医用电气设备的共性问题,尤其是除颤手柄和心电电极的漏电,一旦出现漏电流,即使除颤取得成功,也会因漏电流作用再次造成心室颤动。为预防这些事故,需要经常进行全面的检查和维修。

首先,除颤器特有的电击事故是因放电电流的泄漏,易使操作者和助手触电。图 5-2-2 所示的是操作者和助手在通电时徒手接触电极表面或触碰到患者身体时产生的电击。一般为了避免这种危险,除颤器的两个输出端都要采取浮地方式。

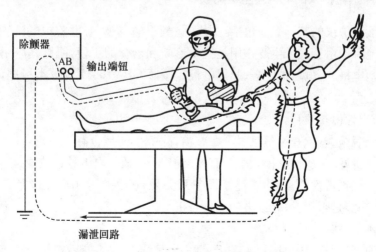

图 5-2-2 放电电流泄漏引起电击

其次,体外除颤时的胸壁和体内直接电极除颤时心肌表面上会烧伤。通常有以下几方面的原因:一是因为除颤放电电流大,约几百毫安,接触电阻产生极高的热量;二是由于电极放置不好,导电膏涂得不均匀和压力不够等原因,使电极接触不良,放出的热量增大,从而造成严重烧伤;三是在通电时如压力放松或在电极下面有异物等,使电极的大部分悬浮在胸壁上,在电极和胸壁之间引起火花放电,也会造成重大的烧伤事故。

为防止这类事故,应在贴着电极的部位充分地涂上导电膏,用足够的压力把除颤电极板压在胸壁上,注意在通电的过程中,手柄不能松开。除颤器事故较多发生在因错误操作或因仪器故障而使工作不正常,不能进行除颤放电。因为除颤器临床使用频次较低,多数是在紧急使用时才发现仪器出故障,如电极种类不够、电极接线断线等毛病。所以平时需要经常检查除颤器的性能及附件的完整性,每个月至少检查一次。

最后,除颤器工作时输出高能量,会使同时并用的医用电气设备引起故障,特别是使精密测量仪器损坏,如心电类设备等。在除颤时,患者对地电位虽是瞬时的,但是非常高。因此,在心电图机和心电监护仪的输入端会输入很高的电压。如果心电图机上没有输入保护电路,将使输入部分损坏,之后就无法继续进行测量和监护,有引起二次事故的危险。所以对并用的仪器要采用过输入保护电路,或者在除颤时暂时把电极(包括接线器在内)与仪器本机断开。心电类设备要求具有抗除颤能力。

4. 除颤监护仪的电气安全检测项目

除颤监护仪的基本组成包括:主机、除颤手柄电极、心电监护电极、电极片、直流电池等。由于临床主要作用是提供诊断和治疗的手段,所以其应用部分为除颤手柄电极、心电监护电极、起搏电极。按照 GB 9706.1 的分类标准,通常为Ⅱ类 CF 型。

(1)定性检查项目

1)外观检查:检查设备是否干净整洁,除颤手柄是否有锈蚀斑点,手柄电极是否接触良好、一次性电极是否在有效期内,心电监护电极是否破损。

2)功能正常性检查:检查能量调节开关是否正常、监护屏亮度是否显示正常、监护功能是否正常、充放电功能是否正常。

3)预防性维护检查

电池至少每两年更换一次,电池每 3 个月维护一次,查看记录。检查设备在电池供电状态下的工作情况:拔下交流电源线,使用直流电池供电,除颤监护仪应工作正常,电池供电指示灯应点亮。

充电电容每 3 个月进行一次维护,放电能量由低到高依次进行充放电操作,整个能量范围内至少选择 6 个点,查看维护记录。目前,有些除颤监护仪具有电容自维护功能。

(2)定量检测项目及指标要求

参照 GB 9706.1 及 GB 9706.8 的要求,除颤监护仪电气安全定量检测项目及指标如下:

1)接地电阻:<0.2Ω。

2)机壳漏电流:正常状态,<100μA;单一故障状态,<500μA。

3)患者漏电流:正常状态,<10μA;单一故障状态,<50μA。

4)患者漏电流(应用部分加电压):单一故障状态,<50μA。

5)患者辅助漏电流:正常状态,<10μA;单一故障状态,<50μA。

6)绝缘电阻:>10MΩ。

7)不需要检测对地漏电流。

二、多参数监护仪

多参数监护仪以无创、实时、便捷、能同时监护多项重要生命体征参数等优点而广泛应用于医院的重症监护室、手术室、术后观察室等重要科室。随着传感器技术、电子技术、计算机技术的迅猛发展,多参数监护仪的功能日趋复杂,适用于各种场所的各类监护仪器在临床中得到了越来越广泛的应用。

1. 与多参数监护仪相关的标准

多参数监护仪是组成心脏急救系统的主要仪器之一,它可同时无创监测多项生命体症参数,包括心电、呼吸、血氧、血压、体温等,检测项目繁多,涉及热学、力学、光学、电磁等多个计量参数。有关多参数监护仪的性能检测,目前尚无国家颁布的校准检测方法,故未被列入国家强检目录,长期以来一直处于法定计量检定的范围之外。国家或地方的一些标准都是针对单参数而分别制定的,如JJG 760—2003《心电监护仪检定规程》、JJF(京)31—2003《脉搏血氧计试行校准规范》、JJG(京)26—1998《无创血压(示波法)监护仪检定规程》等,不能全面衡量监护仪的整体性能。针对多参数监护仪的安全标准,除 GB 9706.1 通用标准之外,GB 9706.9—2008《医用电气设备　第 2—37 部分:超声诊断和监护设备安全专用要求》及 GB 9706.25—2005《医用电气设备　第二部分:心电监护设备安全专用要求》,用于监护仪投入临床之前的安全检测。其次 YY 1079—2008《心电监护仪》行业标准对其性能提出了严格要求。

2. 多参数监护仪的工作原理

目前在临床应用中的多参数监护仪,大致由以下三部分组成(如图5-2-3所示):信号采集部分、信号处理部分、信号显示输出部分。有些功能较复杂的监护仪还包括无线接收和异常情况的治疗等。

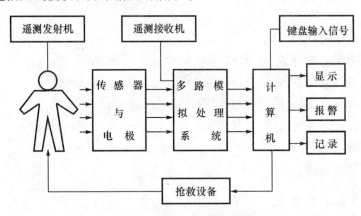

图5-2-3 多参数监护仪原理框图

监护仪的关键部件为信号检测部分,包括各种传感器和电极,有些还包括遥测技术以获得各种生理参数。传感器是整个监护系统的基础,有关病人生理状态的所有信息都是通过传感器获得的。根据监护参数的不同,选取不同的传感器。通常有心电、体温、呼吸、pCO_2、SpO_2、血压等。下面分别简述其工作原理:

(1)心电信号

心电图是多参数监护仪最基本的监护内容。心电信号通过体表电极获得,监护用电极是一次性 Ag-AgCl 钮扣式电极。临床上所使用的标准心电图机在测量心电时,肢体电极是安放在手腕和脚腕处,而作为心电监护中的电极则等效地安放在病人的胸腹区域。虽然安放位置不同,但它们是等效的,定义也是相同的。因此,监护仪中的心电导联与心电图机的导联是对应的,它们具有相同的极性和波形。

(2)无创血压

监护仪采用振动法测量无创血压。测量时自动对袖带充气,到一定压力[(180~230)mmHg]开始放气,当气压降到一定程度,血流就能通过血管,波动的脉动血流产生振荡波,振荡波通过气管传播到压力传感器,压力传感器能实时监测袖带内的压力及波动。气泵逐渐放气,随着血管受挤压程度的降低,振动波越来越大,再放气由于袖带与手臂的接触越来越松,因此压力传感器所检测的压力及波动越来越小,仪器测量到的是一条叠加了振荡脉冲的递减的压力曲线。曲线上脉动幅度最大的点所对应的气袋压力即为动脉的平均压,收缩压和舒张压按系数换算,不同厂家换算公式不同。

(3)SpO_2

监护仪中对脉搏血氧饱和度的测量采用的是光电技术,通常为透光法,原理依据郎伯-比尔定律:血液中氧合血红蛋白(HbO_2)和还原血红蛋白(Hb)对不同波长的光的吸收系数不同,基于这种光谱特性,血氧饱和度探头中的发光元件发出两种波长的光信号,通常用660nm红光和925nm的近红外光,照射被测组织,将含动脉血管的部位(如手指)放在发光管和光电管之间,如图5-2-4所示。发光管发光强度与光电管所接收的光透射信号的强度改变即反映了血氧饱和度的变化。

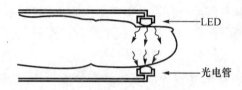

图5-2-4 透光法血氧检测

(4)体温

监护仪中的体温测量一般采用负温度系数的热敏电阻作为温度传感器。即根据热敏电阻的阻值随其温度的变化而变化的特性来进行温度测量。体温测量的测量线路是惠斯通电桥,将热敏电阻接在电桥的一个桥臂上,通过测量电桥的不平衡输出测定温度。

(5)呼吸

监护仪多采用阻抗式呼吸测量原理。人体呼吸运动时,胸壁肌肉交变张弛,胸廓交替变形,肌体组织的电阻抗也随之交替变化,称为呼吸阻抗。呼吸阻抗与肺容量存在一定的关系,随肺容量的增大而增大。阻抗式呼吸测量就是根据呼吸阻抗的变化而设计的。监护测量中用心电电极同时检测心电信号和呼吸阻抗,电极之间的阻抗作为待测阻抗 Z_x,接在惠斯通电桥的一个桥臂上,如图5-2-5所示。

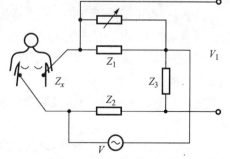

图5-2-5 阻抗式呼吸测量

3. 多参数监护仪的安全使用

多参数监护仪监护多项生理参数,有多个传感器,如:心电监护电极、血压传感器、血氧指夹等,尤其是有创血压传感器,直接接触血管内部进行测量,由此带来的安全问题值得关注。

多参数监护仪血压测量方法分为无创测量和有创测量两种。无创血压测量使用袖带和听诊器,利用柯氏音和振动示波法进行测量。有创血压测量是用充满生理盐水的导管,在导管头部放一个压力传感器,把导管直接插到血管内进行测量。无创血压测量简单、方便,但不能测量血压的连续波形和静脉压,即使是测量动脉压,在患者产生休克等脉压微弱的情况下,用它测量非常低的血压也是很困难的。有创血压测量装置复杂一些,但可以连续监视动、静脉血压波形,且易于记录血压波形和对波形进行微分等波形处理。因此,多用于术中和术后对患者心血管系统的循环状态的监护,在病房里对休克病人的血压监护以及用心脏导管检查心脏内压,借以了解心功能等情况。

有创血压测量需要把导管和压力传感器插入体内,使用中存在两方面的问题:一是体内仪器的危险问题,如生物相容性和机械危险性。具体地说,生物学危险包括由于导管灭菌不充分所致的细菌感染,由于导管插入所致的血栓形成,在导管的插入部分和体外连接部分(如三通)处产生出血事故等;机械性危险是在插入导管之后,导管一方面对心脏内壁进行机械性刺激,激起期外收缩,诱发引起心室颤动,另一方面导管又可能造成心肌穿孔之类的机械性损伤事故。二是外部仪器的安全性问题,指心脏直接被电击,即微电击。这是由监护仪本身以及并用的医用电气设备的漏电电流造成的电击。虽然有创压导管是绝缘物,但其中的生理盐水是 0.9% 的 $NaCl$ 溶液,相当于一根 $160k\Omega$ 的电阻丝。

目前,一般用于血压测量的传感器受压膜是金属的,这个金属膜和传感器外的金属罩相连接,再由屏蔽线把它和主机接地相连。因此,一般在直接血压测量装置中,插有导管的器官,依导管粗细与长度不同,经过数百千欧的电阻和金属罩及专用放大器的接地端相连。心脏导管检查中,假如在专用放大器上面有数百微安的交流电漏电流,当该仪器接地不良时,就有产生微电击引起心室颤动的危险。

有创血压测量在设计导管和压力传感器时,对上述问题必须充分加以考虑,可以采用把压力传感器和生物体脱离与电的接触、专用放大器的输入端采用浮地等措施。

4. 多参数监护仪的电气安全检测项目

多参数监护仪按照临床监护参数的多少决定其组成,常规的基本组成包括:主机、心电监护电极、血氧传感器、无创血压组件、有创血压组件、体温探头等,鉴于多参数监护仪临床用于对患者的各项生理体征进行检测,利用多种类型的传感器实现,所以,其组成中的各类传感器都是应用部分。按照 GB 9706.1 的分类,多参数监护仪通常为Ⅰ类或Ⅱ类 CF 型。

(1)定性检查项目

外观检查:要求设备干净整洁、有正确清晰的标识、控制开关键正常、心电电极线屏蔽层无破损、一次性电极片在有效期内、血氧探头红光及红外发光管发光正常且无带电部分暴露、血压袖套无破损。

功能正常性检查:要求仪器外观不得有影响正常工作的机械损伤,所有旋钮、按键应灵活可靠,不得有影响操作的现象。主要检查:心电参数导联转换、增益转换、心电波形、心率示值、报警限设置;血氧饱和度容积波形、SpO_2 示值、报警限设置;无创血压数字显示、报警限设置;呼吸频率、波形显示、报警限设置;单道或双道体温示值、报警限设置;应有导联和探头脱落检测;直流电池监护正常。

(2)定量检测项目及指标要求

参照 GB 9706.1 通用安全标准、GB 9706.9—2008 安全专用要求及YY 1079—2008行业标准的规定,多参数监护仪的电气安全定量检测项目及指标同除颤监护仪。

三、输液泵/注射泵

输液泵是一种能够准确控制输液滴数或输液流量,保证药物能够速度均匀、药量准确并且安全地进入病人体内发挥作用的一种仪器。输液泵可精确测量和控制输液速度,减少脉动,对气泡、空液、漏液和输液管阻塞等异常情况进行报警,减轻医护工作强度,提高安全性、准确性和工作效率。

注射泵是一种定容型的输液泵,它将单位时间内液体量及药物均匀注入静脉内,全程匀速运动,工作平稳无脉动,能严格控制输液速度及保持血液中药物的有效浓度,具有操作简单,定时精度高,流速稳定,易于调节,小巧便携的优点。当临床所用的药物必须由静脉途径注入,而且在给药量必须非常准确、总量很小、给药速度需缓慢或长时间恒定的情况下,使用注射泵来实现这一目的。

输液泵/注射泵在临床上广泛应用于 ICU、CCU、NICU 或手术室等,常用于需要严格控制输液量和药量的情况,在应用升压药物、抗心律失常药物、婴幼儿静脉输液或静脉麻醉时,能精确控制输送药液的流速和流量,保证药效最佳发挥。

1. 与输液泵/注射泵相关的标准

输液泵/注射泵临床应用质量的高低,直接关系到临床治疗效果,输液泵/注射泵所使用的输液泵管及针直接和患者血液接触,其电气安全的优劣,直接与患者的生命安全息息相关。目前有关该类设备的相关标准相对缺乏,与性能参数相关的检定规程和行业标准国家尚未出台。针对输液泵的安全标准,除GB 9706.1通用标准之外,GB 9706.27《医用电气设备 第 2 部分:输液泵和输液控制器安全专用要求》用于产品注册时使用。

2. 输液泵/注射泵的工作原理

输液泵通常是机械或电子的控制装置,它通过作用于输液导管达到控制输液速度的目的。输液泵系统主要由微机系统、泵装置、监测装置、报警装置和输入及显示装置几部分组成。微机系统作为控制主体,由步进电机带动凸轮轴转动,使滑块按照一定顺序和运动规律上下往复运动,像波一样依次挤压静脉输液管,使输液管中的液体以一定的速度定向流动。

注射泵通过机械装置推动注射器,实现高精度、平稳无脉动的液体传输,主要由步进电机及其驱动器、丝杆和支架等构成,具有往复移动的丝杆、螺母,因此也称为丝杆泵。螺母与注射器的活塞相连,注射器里盛放药液。工作时步进电机旋转带动丝杆将旋转运动变成直线运动,推动注射器的活塞进行注射输液。通过设定螺杆的旋转速度,就可调整其对注射器针栓的推进速度,从而调整所给的药物剂量。

3. 输液泵/注射泵的电气安全检测项目

输液泵、注射泵通常为 Ⅰ 类设备,具有 CF 型应用部分,其应用部分为正常使用时用来同被治疗的患者相接触的全部部件,包括连接患者用的输液管在内。在进行应用部分测量时,可将连接患者用的输液管看作一个患者导联。

(1)定性检查项目

1)检查设备是否干净整洁,是否有正确清晰的标识,控制开关键是否正常,检查输液泵管有效日期、外包装是否严密,输液泵体内不能有任何固体微粒,以免磨损柱塞、密封环、缸体和单向阀。

2)直流供电电池应工作正常且定期维护。检查维护记录,若在首次使用或长时间不用后重新使用时,先将电池充满电后再开始使用。

3）预防性维护

输液泵工作时要留心防止溶剂瓶内的流动相用完，否则空泵运转也会磨损柱塞、密封环或缸体，最终产生漏液。

输液泵的工作压力不要超过规定的最高压力，否则会使高压密封环变形，产生漏液。

流动相应该先脱气，以免在泵内产生气泡，影响流量的稳定性，如果有大量气泡，泵就无法工作。

（2）定量检测项目及指标要求

接地电阻：$<0.2\Omega$。

对地漏电流：正常状态，$<500\mu A$；单一故障状态，$<1mA$。

机壳漏电流：正常状态，$<100\mu A$；单一故障状态，$<500\mu A$。

患者漏电流：正常状态，$<100\mu A$；单一故障状态，$<500\mu A$。

患者漏电流（应用部分加电压）：单一故障状态，$<5mA$。

绝缘电阻：$>10M\Omega$。

对地漏电流测量时，单一故障状态仅包括正常状态、断开一根电源线和电源反相、断开一根电源线，不允许断开地线的状态。

不需测量患者辅助漏电流。

四、高频电刀

高频电刀（又称高频手术器）是一种取代机械手术刀进行组织切割的电外科器械。它通过有效电极尖端产生的高频高压电流与肌体接触时对组织进行加热，实现对肌体组织的分离和凝固，从而起到切割和止血的目的。

高频电流的特性决定了高频电刀是一种安全风险较高的医用电气设备，其高频输出功率的大小，会直接影响临床使用效果，是决定手术成功与否的关键。此外，高频漏电流也将直接影响其临床使用的安全，高频漏电流不仅会灼伤病人，还会对环境造成高频辐射污染，高频电刀异常工作时产生的火花、弧光可点燃易燃性物质而引发事故。随着高频电刀应用范围的逐渐扩大，高频电刀的安全问题日益凸显，由此引发的医疗纠纷或医疗官司也呈上升趋势。由高频电刀引起的事故大多数是烧伤、组织过度损伤以及与其他医用电气设备相干扰，其中又以皮肤烧伤最为常见。

1. 与高频电刀相关的标准

目前国内对高频电刀的质量控制尚处于起步和探索阶段，其对应的标准还不够完善,目前我国针对高频电刀性能检测的主要依据是 JJF 1217—2009《高频电刀校准规范》,高频电刀的临床使用期间的性能检测尚未广泛展开,军内开展质控还是依据自定的《高频电刀质控检测规范》进行;针对高频电刀的安全标准,除 GB 9706.1 安全通用要求之外,GB 9706.4—2009《医用电气设备 第 2—2 部分:高频手术设备安全专用要求》用于高频电刀投入临床使用前的注册检验,其他相关的行业标准尚未出台。

2. 高频电刀的工作原理

高频电刀一般标准配置包括主机、单极电极、中性电极、双极电极、脚踏开关、各式刀头和镊子、电源线、保护接地线等联用附件。其工作模式主要有两种:单极和双极。

(1)单极模式

在单极模式中,用一完整的电路来切割和凝固组织,该电路由高频电刀内的高频发生器、病人极板、接连导线和电极组成。在大多数的应用中,电流通过有效导线和电极穿过病人,再由病人极板及其导线返回高频电刀发生器。临床治疗效果取决于高频发生器产生的波形、电压、电流、组织的类型和电极的形状及大小。为避免高频电流灼伤病人,单极模式中的病人极板必须具有和病人接触相对大的面积,以提供低阻抗和低电流密度的通道。

(2)双极模式

双极电凝模式是通过双极镊子的两个尖端向机体组织提供高频电能,使双极镊子两端之间的血管脱水而凝固,达到止血的目的。它的作用范围只限于镊子两端之间,对机体组织的损伤程度和影响范围远比单极模式小得多,适用于对小血管(直径<4mm)和输卵管的封闭。故双极电凝多用于脑外科、显微外科、五官科、妇产科以及手外科等较为精细的手术中。双极电凝的安全性正在逐渐被人所认识,其使用范围也在逐渐扩大。

如果高频电刀采用与地隔离的输出系统,将使得高频电刀的电流不再需要和病人、大地之间的辅助通道,从而减少了可能和接地物相接触的身体部位被灼烧的危险性。

3. 高频电刀的安全使用

高频电刀是现代外科手术中不可缺少的设备。因为使用中产生很大能量,所以一旦使用不当,就有酿成重大事故的危险。关于电刀的事故,若从事故的发生率和结果的严重性来说,以烫伤最为严重。

　　烫伤事故大致可分为:对极板处引起和其他部位引起两种。对极板处引起的烫伤,其原因是由于电流集中到对极板的一部分上,使局部的电流密度增大。其局部电流密度增大的原因如下:

　　(1)对极板接触不良;

　　(2)对极板凹凸不平;

　　(3)导电膏不均匀(生理盐水纱布垫一部分干燥);

　　(4)对极板过小;

　　(5)由于身体活动使对极板移动。

　　对极板的作用是将经刀尖进入身体的高频电流以安全的小电流密度流回电刀本机,要求极板的面积大到一定程度以上,在使用时只要对指定的电刀按规定值输出,就可以认为是安全的。在这种场合下,整个面积也要完全接触身体,如接触不良或放在不适当的部位时,容易造成类似对极板面积小一样的事故。

　　在对极板以外部位引起的烫伤,其原因是由于高频分流,在对极板以外有高频电流流过。高频分流由于电刀的输出形式不同,所经路径和大小也不同。

　　当用对极板接地型的电刀时,由于某些原因使对极板回路的电阻增加时,高频分流电流通过患者身体的接地点或对地阻抗小的点。具体例子如图5-2-6所示,当高频电刀和心电图机一起使用时,心电导联线接在患者四肢,分流电流从心电图机进行分流。因为导联线是屏蔽线,所以对高频来说不接地的电极对地的阻抗也很低(通常为数百欧至数千欧),如同被接地一样造成分流。患者的身体(手和足)接触到电刀外壳和接地的手术台的金属部分,就会在这个接触点产生分流。这种情况下,若对极板的引线断线,全部电流几乎都通过接触部分,

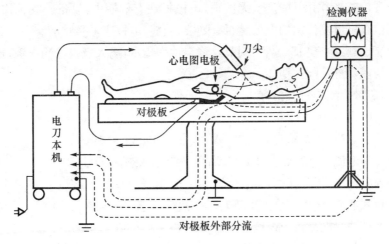

图5-2-6　对极板接地型电刀的高频分流

因电流集中电流密度增大而引起烫伤事故。另外,即使没有直接接触金属部分,只要身体接近金属部分也会引起分流。在患者的后背处滞留的消毒液、生理盐水、血液等,以及湿毛巾或湿小方布垫等也会引起分流。

这些分流是当对极板回路的阻抗增大或者分流路径的阻抗显著减少时引起的,原因可归纳为如下几点:

(1)对极板插头断路或接触不良;

(2)对极板引线断路;

(3)对极板引线过长,并卷成线圈状;

(4)对极板按触不良、过小,导电膏不足,生理盐水纱布垫干燥等;

(5)垫子潮湿,垫子过薄,金属台与患者的身体间的间距过小;

(6)垫子上滞留生理盐水或血液;

(7)患者身体和接地的金属部分直接接触。

在实际使用时,需要注意把导电膏放在充分大的对极板与身体之间,使其紧密地贴合在一起,位置稳定,对极板的引线在使用前要确保没有断线,尽量短、直。插好与主机的连接插头,确保无误。在使用前还要确保患者不会接触到周围的金属部分。

4. 高频电刀的电气安全检测项目

高频电刀通常为Ⅰ类设备,具有 CF 型应用部分,其应用部分包括:手术电极、敷极板和双极电极。

(1)定性检查项目

外观检查:使用附件齐全、无破损,电极板在有效期内,设备外观标识清晰、准确。检查可重复使用的电极是否有划痕、裂缝,电极应平整整洁。

功能检查:检查功率预置、调节及输出功率指示,病人极板检测报警,输出口防误插功能,手控、脚控功能。

(2)定量检测项目及指标

接地电阻:$<0.2\Omega$。

对地漏电流:正常状态,$<500\mu A$;单一故障状态,$<1mA$。

机壳漏电流:正常状态,$<100\mu A$;单一故障状态,$<500\mu A$。

患者漏电流:正常状态,$<100\mu A$;单一故障状态,$<500\mu A$。

患者漏电流(应用部分加电压):单一故障状态,$<50\mu A$。

患者辅助漏电流:正常状态,$<10\mu A$;单一故障状态,$<50\mu A$。

绝缘电阻:$>10M\Omega$。

对地漏电流测量时,单一故障状态仅包括正常状态、断开一根电源线和电源反相、断开一根电源线,不允许断开地线的状态。

五、呼吸机

呼吸机是一种能代替、控制或改变人的正常生理呼吸,增加肺通气量,改善呼吸功能,减轻呼吸功消耗,节约心脏储备能力的装置。它可以完全脱离呼吸中枢的调节和控制,机械性地产生或辅助人体的呼吸动作,维持相对正常或完全正常的呼吸动作和呼吸功能,满足机体的需要。

呼吸机必须具备四个基本功能,即向肺充气,吸气向呼气转换,排出肺泡气以及呼气向吸气转换,依次循环往复。

呼吸机按照与患者的接触方式不同,分为无创和有创两种。有创呼吸机通过气管插管连接到患者,无创呼吸机通过面罩与患者连接。

按照临床用途,又分为急救呼吸机、呼吸治疗通气机、麻醉呼吸机、高频呼吸机。急救呼吸机专用于现场急救,呼吸治疗通气机对呼吸功能不全患者进行长时间通气支持和呼吸治疗,麻醉呼吸机专用于麻醉呼吸管理,高频呼吸机具备通气频率>60次/min的功能。

呼吸机按照其通气源和控制系统的驱动方式,又分为气动气控、气动电控和电动电控型。

1. 与呼吸机相关的标准

呼吸机利用机械装置移动空气进出肺部,为生理上无法呼吸或者呼吸不足的病人提供呼吸。该设备用于生命支持,其性能的优劣直接影响患者的生命安全,目前国内对呼吸机的检测标准严重缺乏,仅有 GB 9706.28—2006《医用电气设备 第2部分:呼吸机安全专用要求 治疗呼吸机》作为产品上市前的注册检验,临床使用期间的性能检测尚无法开展,军内开展质控依据自定的《呼吸机质控检测规范》进行。

2. 呼吸机工作原理

呼吸机由供气、呼气、控制三部分构成。供气部分是机器给患者提供吸气功能所需气源,可以是内部的压缩机或者外部与压缩气瓶或医院墙壁供气口连接;呼气部分是允许患者将气体呼出的装置;控制部分是调节、控制吸气、呼气部分的主要结构,也是产生各种不同呼吸机模式与功能的主要结构。此外,呼吸机还附设有多种监测和湿化器、雾化装置。

3. 呼吸机的电气安全检测项目

呼吸机为Ⅰ类、B型设备,其应用部分包括与呼吸管路连接部分和体温监测探头(具备时)。

(1)定性检查项目

外观检查:使用附件齐全、无破损;内部、外部标识清晰、准确;检查通风口和空气过滤器,必要时更换;检查气瓶、调节器状态;检查外部软管、管道和连接器状态,确认无磨损痕迹,确保连接紧密。

功能检查:报警及安全系统检查。

(2)定量检测项目及指标

接地电阻:<0.2Ω。

对地漏电流:正常状态,<500μA;单一故障状态,<1mA。

机壳漏电流:正常状态,<100μA;单一故障状态,<500μA。

患者漏电流:正常状态,<100μA;单一故障状态,<500μA。

患者漏电流(信号输入部分或信号输出部分加网电压):单一故障状态,<5mA。

患者辅助漏电流:正常状态,<100μA;单一故障状态,<500μA。

绝缘电阻:>10MΩ。

对地漏电流测量时,单一故障状态仅包括正常状态、断开一根电源线和电源反相、断开一根电源线,不允许断开地线的状态。

第三节　使用 QA-90 电气安全测试仪检测

一、检测除颤监护仪

1. 设备连接

除颤监护仪的供电电源插头连接至 QA-90 电气安全测试仪的供电插座(如图 5-3-1 所示),由 QA-90 电气安全测试仪为除颤监护仪供电。

将校准过的测试线一端接 QA-90 前面板的 ENCL,另一端接除颤监护仪的可触及金属端或保护接地端,如图 5-3-2 所示。

监护电极连接至 QA-90 测试仪前面板的导联插孔之间,按照电极对应标识码连接,参见图 5-3-1 所示。

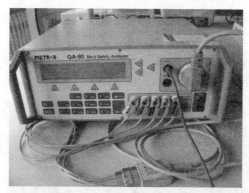

图 5-3-1 除颤监护仪电源连接

图 5-3-2 除颤监护仪测试线连接

2. 检测参数设置

患者导联数定义为:5 或 3;

设备类型定义为:CL Ⅱ类、CF 型;

测试标准选择:IEC 60601.1;

测试模式选择:手动;

除颤监护仪电源开关置:硬性开关打开、软性开关不动或监护状态。

不检测对地漏电流。

二、检测多参数监护仪

1. 设备连接

(1)电源连接

将多参数监护仪的电源插头插入 QA-90 测试仪前面板的插座上,将校准过的测试线连接在监护仪的接地端和 QA-90 测试仪前面板的 ENCL 插孔之间。

(2)应用部分的连接

将多参数监护仪的心电监护电极连接至 QA-90 测试仪前面板的导联插孔，按照电极对应标识码连接，如图 5-3-3 所示。

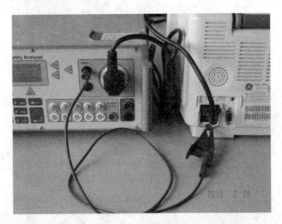

图 5-3-3　多参数监护仪连接方法

2. 检测参数设置

同除颤监护仪。

三、检测输液泵/注射泵

1. 设备连接

(1)电源连接

将输液泵的电源插头插入 QA-90 测试仪前面板的插座上，将校准过的测试线连接在输液泵的接地端和 QA-90 测试仪前面板的 ENCL. 插孔之间。

(2)应用部分的连接

将输液管路充满生理盐水(0.9%氯化钠溶液)，与患者相连的连接端浸入装有生理盐水(0.9%氯化钠溶液)的容器中。如图 5-3-4 所示。

2. 检测参数设置

由于输液泵、注射泵接入患者的部分为注射针头，为唯一应用部分，故在进行参数设置时，应将患者导联数目设置为 1、应用部分类型设置为 CF 型。

患者导联数定义为：1；

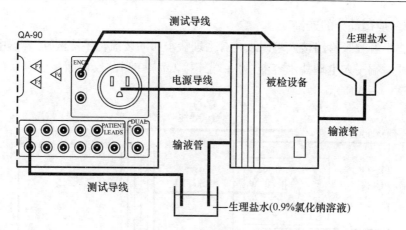

图 5 - 3 - 4 输液泵检测连接示意图

设备类型定义为:CL Ⅰ类、CF 型;

测试标准选择:IEC 60601.1;

测试模式选择:手动;

电源开关置:硬性开关打开、软性开关不动。

不检测患者辅助漏电流。

四、检测呼吸机

1. 设备连接

(1)电源连接

将呼吸机的电源插头插入 QA-90 测试仪前面板的插座上,将校准过的测试线连接在呼吸机的接地端和 QA-90 测试仪前面板的 ENCL. 插孔之间。如图 5 - 3 - 5 所示。

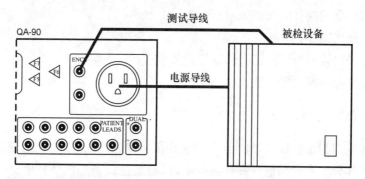

图 5 - 3 - 5 呼吸机检测电源部分连接示意图

（2）应用部分的连接

将患者呼吸管路接入端浸入装有生理盐水（0.9％氯化钠溶液）的容器中，将测试线一端浸入生理盐水容器，另一端连接 QA-90 测试仪前面板的导联插孔。如图 5-3-6 所示：

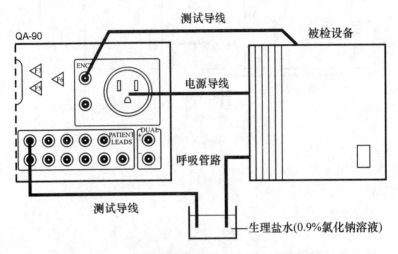

图 5-3-6　呼吸机检测应用部分连接示意图

2. 检测参数设置

呼吸机为 Ⅰ 类设备，具有 B 型应用部分，呼吸管路患者接入端为应用部分。在进行参数设置时，应将患者导联数目设置为 1、应用部分类型设置为 B 型。

患者导联数定义为：1；

设备类型定义为：CL Ⅰ 类、B 型；

检测标准选择：IEC 60601.1；

检测模式选择：手动；

电源开关置：硬性开关打开、软性开关不动。

不检测患者辅助漏电流。

五、检测高频电刀

高频电刀为 Ⅰ 类设备，具有 CF 型应用部分，电刀刀头和中性电极（敷肌板）为其应用部分。在通用电气安全测量中，仅需测量设备的低频漏电流和接地阻抗，高频漏电流的测量可在高频电刀质量检测时进行。

1. 设备连接

(1)电源连接

将高频电刀的电源插头插入 QA-90 测试仪前面板的插座上,将校准过的测试线连接在高频电刀的接地端和 QA-90 测试仪前面板的 ENCL. 插孔之间。如图 5-3-7 所示。

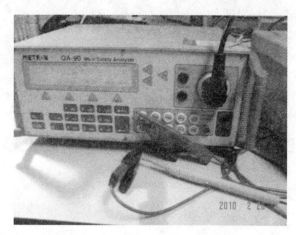

图 5-3-7　高频电刀检测连接图

(2)应用部分连接

用测试导线分别将中性电极、单极电极和双极电极连接到 QA-90 测试仪前面板的导联插孔。如图 5-3-8 所示。

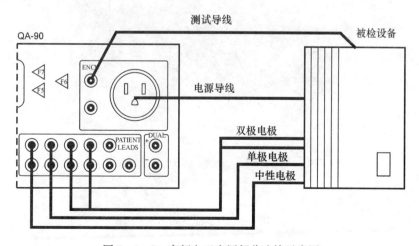

图 5-3-8　高频电刀应用部分连接示意图

2. 检测参数设置

高频电刀接入患者的部分为单极、双极电极和中性电极,在进行参数设置时,若测量单极电极模式,将患者导联数目设置为 2;若同时测量双极电极模式,将患者导联数目设置为 4,应用部分类型设置为 CF 型。

患者导联数定义为:2(4);

设备类型定义为:CL I 类、CF 型;

测试标准选择:IEC 60601.1;

测试模式选择:手动;

电源开关置:硬性开关打开、软性开关不动。

注意:高频电刀应用部分应在无功率输出状态下测量。

第四节　ESA620 电气安全测试仪检测

一、检测除颤监护仪

1. 测试线调零

电气检测前,首先对测试线调零。将测试线连接在 ESA620 测试仪前面板的 2 线电阻测试插孔和 PE 保护端之间。如图 5-4-1 所示。

图 5-4-1　测试线调零

选择 ESA620 测试仪左侧的"Ω"键,显示界面选择"Zero Lead"调零。

2. 连接设备

除颤监护仪的供电电源插头连接至 ESA620 测试仪供电插座，由 ESA620 测试仪为除颤监护仪供电。将校准过的测试线连接在除颤监护仪的接地端和 ESA620 测试仪前面板的 2 线电阻测试插孔之间。如图 5-4-2 所示。

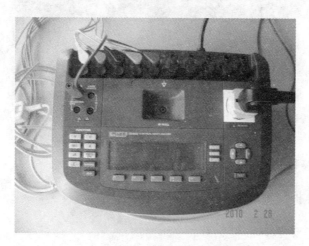

图 5-4-2　除颤监护仪测试连接图

监护电极连接至 ESA620 测试仪前面板的导联插孔之间，按照电极对应标识码连接，参见图 5-4-1。

3. 检测参数设置

测试标准选择：IEC 60601 ANSI/AAMI 60601
除颤监护仪电源开关置：硬性开关打开、软性开关不动或监护状态。
不检测对地漏电流。

二、检测多参数监护仪

1. 设备连接

将多参数监护仪的电源插头插入 ESA620 前面板供电插座，校准过的测试线连接在监护仪的接地端和 ESA620 测试仪前面板的 2 线电阻测试插孔之间。将多参数监护仪的心电监护电极连接至 ESA620 测试仪前面板的导联插孔，按照电极对应标识码连接，如图 5-4-3 所示。

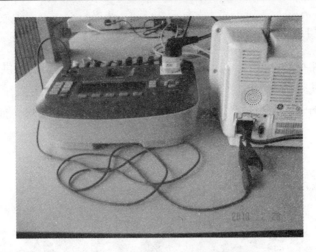

图 5 - 4 - 3　多参数监护仪测试连接图

2. 检测参数设置

同除颤监护仪。

三、检测呼吸机

1. 设备连接

呼吸机电源连接至 ESA620 供电插座,校准过的测试线连接参照除颤监护仪测试连接图 5 - 4 - 2;测试电缆鳄鱼夹端连接如图 5 - 4 - 4 所示。

图 5 - 4 - 4　呼吸机测试连接图

呼吸机的应用部分,以体温探头为例,体温探头与呼吸机相接的一端连接鳄鱼夹,另一端连接至 ESA620 的应用部分接口。如图 5-4-5 和图 5-4-6 所示。

图 5-4-5　呼吸机的应用部分输出端

图 5-4-6　呼吸机的应用部分连接至 ESA620

2. 检测参数的设置

测试标准选择:IEC 60601 ANSI/AAMI 60601。

硬性开关打开、软性开关不动。

检测对地漏电流。

四、检测高频电刀

高频电刀高频漏电流检测通过高频电刀质量检测仪 QA-ES 或同类设备进行。利用 ESA620 可检测高频电刀低频漏电流和保护接地阻抗参数。

1. 设备连接

将其电源连接至 ESA620 供电插座,鳄鱼夹连接至保护接地端子,如图 5-4-7和图5-4-8所示。

图 5-4-7　高频电刀电源连接图

图 5-4-8　高频电刀应用部分连接图

将高频电刀的电极(电切、电凝)作为应用部分,用测试夹连接至 ESA620 的应用部分接口,如图 5-4-9 所示。

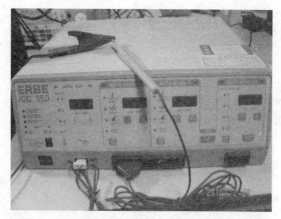

图 5-4-9　高频电刀应用部分连接图

2. 检测参数的设置

同呼吸机检测。

五、检测输液泵/注射泵

输液泵/注射泵电源线接入与 ESA620 供电插座,校准过的测试线连接参照高频电刀测试连接图 5-4-7。

输液泵或注射泵的应用部分为输液时与患者接触部分,即为输液管道和针,可将其用铝箔包裹后,连接测试电缆,如图 5-4-10 所示;电缆另一端连接至 ESA620 的应用部分接口,参见高频电刀电源连接图 5-4-7。

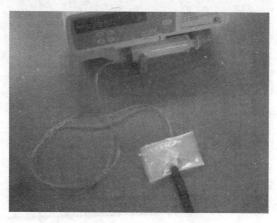

图 5-4-10　输液泵应用部分

第五节 ES601 电气安全测试仪检测

一、检测除颤监护仪

除颤监护仪的供电电源插头连接至 ES601 电气安全测试仪的供电插座（如图 5-5-1 所示），由 ES601 电气安全测试仪为除颤监护仪供电。

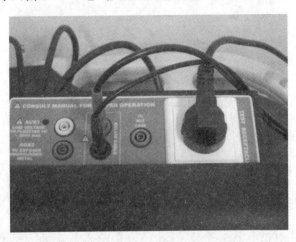

图 5-5-1 ES601 电气安全测试仪测试电缆

测试电缆红、黑端按颜色与 ES601 进行连接（图 5-5-1），测试电缆另一端（鳄鱼夹端）连接至除颤监护仪保护接地端子，如图 5-5-2 所示。

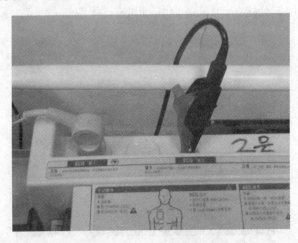

图 5-5-2 除颤监护仪接地连接图

除颤监护仪心电监护电极作为应用部分连接至 ES601 的对应输出口(如图 5-5-3),监护电极间无顺序要求。

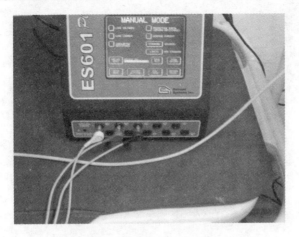

图 5-5-3 除颤监护仪应用部分连接

二、检测多参数监护仪

多参数监护仪的供电电源插头连接至 ES601 电气安全测试仪的供电插座(参见图 5-5-1 所示),由 ES601 电气安全测试仪为多参数监护仪供电。

测试电缆红、黑端按颜色与 ES601 进行连接(参见图 5-5-1),测试电缆另一端(鳄鱼夹端)连接至多参数监护仪保护接地端子,如图 5-5-4 所示。

图 5-5-4 多参数监护仪保护接地端与 ES601 测试线相接

多参数监护仪心电监护电极作为应用部分连接至 ES601 的对应输出口(如图 5-5-5 所示),监护电极按照 RA、LA、RL、LL、V1 对应位置接入。

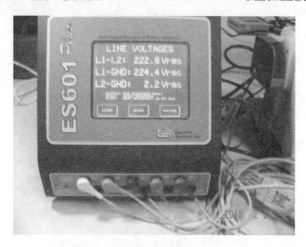

图 5-5-5　多参数监护仪应用部分连接

三、检测呼吸机

呼吸机电源连接至 ES601 供电插槽,测试电缆红、黑端连接参照除颤监护仪检测图 5-5-1 所述;测试电缆鳄鱼夹端连接如图 5-5-6 所示。

图 5-5-6　呼吸机接地连接图

呼吸机的应用部分,以体温探头为例,体温探头与呼吸机相接的一端连接鳄鱼夹,另一端连接至 ES601 的应用部分接口。如图 5-5-7 和

图 5-5-8 所示。

图 5-5-7　呼吸机的应用部分输出端

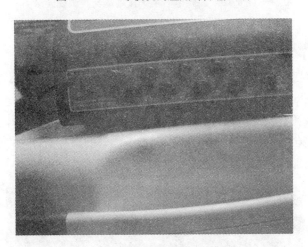

图 5-5-8　呼吸机的应用部分连接至 ES601

四、检测高频电刀

高频电刀高频漏电流检测通过高频电刀质量检测仪 QA-ES 或同类设备进行。利用 ES601 可检测高频电刀低频漏电流和保护接地阻抗参数。

将高频电刀的电极（电切、电凝）作为应用部分，用测试夹连接至 ES601 的应用部分接口，参见图 5-4-9。

将其电源连接至 ES601，鳄鱼夹连接至保护接地端子，可检测保护接地阻抗等参数，如图 5-5-9 所示。

图 5-5-9　高频电刀保护接地端与测试线连接

五、检测输液泵/注射泵

输液泵/注射泵电源线接入 ES601 供电插座,红黑测试电缆连接参照除颤监护仪检测图 5-5-1。

输液泵或注射泵的应用部分为输液时与患者接触部分,即为输液管道和针,可将其用铝箔包裹后,连接测试电缆,如图 5-5-10 所示;电缆另一端连接至 ES601 的应用部分接口,参见呼吸机检测图 5-5-8。

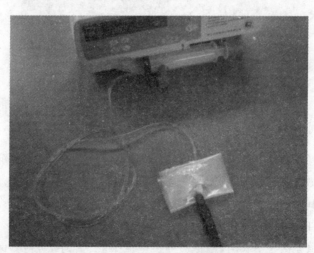

图 5-5-10　输液泵应用部分

第六节 Rigel 288 电气安全测试仪检测

一、检测除颤监护仪

除颤监护仪电源插头连接至 Rigel 288 电气安全测试仪供电电源插座,由测试仪提供工作电源,如图 5-6-1 所示。

测试电缆一端连接至 Rigel 288 顶部绿色端口,如图 5-6-2 所示;另一端,即鳄鱼夹端,连接至除颤监护仪保护接地端子,如图 5-6-1 所示。

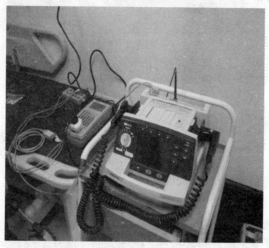

图 5-6-1 除颤监护仪供电连接图

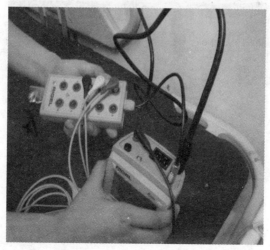

图 5-6-2 测试电缆连接接口

除颤监护仪导联连接至 Rigel 288 电气安全测试仪专用心电导联模块。如图 5-6-3 所示。

图 5-6-3　除颤监护仪监护电极与 Rigel 288 专用心电模块连接图

二、检测多参数监护仪

多参数监护仪电源插头连接至 Rigel 288 电气安全测试仪供电电源插座,由测试仪提供工作电源,如图 5-6-1 所示。

测试电缆一端连接至 Rigel 288 顶部绿色端口,如图 5-6-4 所示;另一端,即鳄鱼夹端,连接至多参数监护仪保护接地端子,如图 5-6-5 所示。

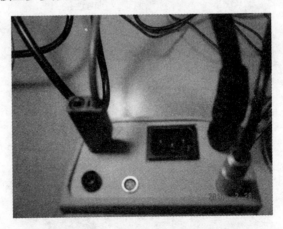

图 5-6-4　测试线与 Rigel 288 连接

多参数监护仪心电监护电极连接至 Rigel 288 电气安全测试仪专用心电导

联模块。如图 5-6-6 所示。

图 5-6-5　测试线与监护仪保护地连接

图 5-6-6　多参数监护仪应用部分连接

三、检测呼吸机

呼吸机电源连接至 Rigel 288 供电插槽,由测试仪提供工作电源,如图 5-6-1 所示。

测试电缆一端连接至 Rigel 288 顶部绿色端口,如图 5-6-4 所示;另一端,即鳄鱼夹端,连接至呼吸机保护接地端子。

呼吸机的应用部分,以体温探头为例,体温探头与呼吸机相接的一端连接鳄鱼夹,参见图 5-5-7;另一端连接至 Rigel 288 的专用心电导联模块。参见图 5-6-6。

— 181 —

四、检测高频电刀

高频电刀电源插头连接至 Rigel 288 电气安全测试仪供电电源插座,由测试仪提供工作电源,如图 5 - 6 - 1 所示。

测试电缆黑色端连接至 Rigel 288 顶部绿色端口,另一端连接至高频电刀保护接地端子。

将高频电刀的电极(电切、电凝)作为应用部分,用测试夹连接至 Rigel 288 电气安全测试仪专用心电导联模块。如图 5 - 6 - 7 所示。

五、检测输液泵

输液泵电源插头连接至 Rigel 288 电气安全测试仪供电电源插座,由测试仪提供工作电源,如图 5 - 6 - 1 所示。

测试电缆黑色端连接至 Rigel 288 顶部绿色端口,另一端连接至输液泵保护接地端子。

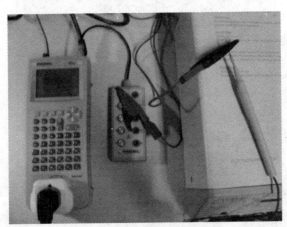

图 5 - 6 - 7　高频电刀电气检测连接

将输液泵的输液管道和针,用铝箔包裹后连接测试电缆,如图 5 - 5 - 11 所示;电缆另一端作为应用部分,用测试夹连接至 Rigel 288 电气安全测试仪专用心电导联模块。参见图 5 - 6 - 7。

主要参考文献

[1] 黄嘉华,孙皎,莫国民. 医疗器械注册与管理. 北京:科学出版社,2008

[2] 邹任玲,胡秀枋. 医用电气安全工程. 南京:东南大学出版社,2008

[3] 李世林,郭汀. 电气装置和电气设备的电击防护技术. 北京:中国标准
出版社,1999

[4] 郭勇. 医学计量. 北京:中国计量出版社,2002